基礎コース物理化学 I

量子化学

中田宗隆 著

東京化学同人

はじめに

　昔は物理化学のことを理論化学といった．有機化学，無機化学，分析化学など，さまざまな分野での現象を物理学の知識を使って解明する．物理化学は物質を扱うあらゆる科学に不可欠な基礎知識である．

　ちまたには，世界的に定評のある物理化学の教科書や翻訳本が多数ある．物理化学の重要な概念を網羅した良書である．しかし，日本の大学の学部学生向けの講義で使いやすい内容，レベル，記述かというと，そうでないものが多い．大学に入学した初学者が通読しやすいように内容を厳選し，学生の立場に立って解説した教科書が必要ではないだろうか．

　ここに"基礎コース物理化学 全4巻"を用意した．読者がもつと予想されるさまざまな疑問に対して，できるかぎりの説明を加えて四分冊にした．それぞれの巻で解説する主題は以下のとおりである．

　　　　　第Ⅰ巻 量子化学：原子，分子の量子論
　　　　　第Ⅱ巻 分子分光学：分子と電磁波の相互作用
　　　　　第Ⅲ巻 化学動力学：分子集団の状態の時間変化
　　　　　第Ⅳ巻 化学熱力学：分子集団のエネルギー変化

　この"第Ⅰ巻 量子化学"では，ふつうの物理化学の教科書では天下り的に導入される波動関数や固有値などの概念を，丁寧にわかりやすく説明する．たとえば，どうして，量子数が現われるのか，量子数はなぜ整数なのか，スピン角運動量の概念は必要なのか，初学者がもつさまざまな疑問に答えたいと思う．同じ著者が，同じレベル，同じスタンス，同じ表現で書いているので，他の巻の内容を参考にしながら，物理化学全体を理解しやすくなったと思う．内容が理解できたかを確認するために，各章末には10題の問題を用意した．解答は東京化学同人ホームページの本書のページに載せてある（http://www.tkd-pbl.com/）．

　最後に，社会人になって，もう一度，物理化学を勉強したくなった（あるいは勉強しなければならなくなった）読者にも役立つ教科書でもある．ぜひ，多くの方々に楽しんでいただきたいと思う．

2018年2月14日

　　　　　　　　　　　　　　　　　　　　　　　　　　　　中　田　宗　隆

目　　次

第 I 部　原子の量子論

第 1 章　どうして量子論が必要か ……………………………… 3
1・1　古典力学と量子論 …………………………………………… 3
1・2　太陽はどのようにしてできたか …………………………… 3
1・3　太陽から放射される電磁波 ………………………………… 5
1・4　プランクの黒体放射の式 …………………………………… 8
1・5　電磁波のエネルギーには最小単位がある ………………… 10
　　　章末問題 …………………………………………………… 12

第 2 章　水素原子の発光とボーアの原子模型 ………………… 13
2・1　水素原子が放射する電磁波 ………………………………… 13
2・2　水素原子が吸収する電磁波 ………………………………… 15
2・3　リッツの結合則 ……………………………………………… 16
2・4　古典力学で理解する ………………………………………… 18
2・5　角運動量を量子化する ……………………………………… 20
　　　章末問題 …………………………………………………… 22

第 3 章　水素原子の波動方程式 ………………………………… 23
3・1　電磁波は回折する …………………………………………… 23
3・2　電子も回折する ……………………………………………… 25
3・3　古典力学で波動方程式を考える …………………………… 27
3・4　粒子の波動方程式 …………………………………………… 28
3・5　ハミルトン演算子 …………………………………………… 29
　　　章末問題 …………………………………………………… 32

第 4 章　水素原子の波動方程式を解く ………………………… 33
4・1　極座標系への変換 …………………………………………… 33
4・2　変数を分離する ……………………………………………… 35

- 4・3　ルジャンドルの方程式とルジャンドル多項式 ……………………… 38
- 4・4　ルジャンドル陪多項式と球面調和関数 ………………………………… 39
- 4・5　ラゲール陪多項式 …………………………………………………………… 41
- 章末問題 ……………………………………………………………………………… 43

第5章　水素原子の波動関数 ………………………………………………………… 44
- 5・1　波動関数にはニックネームがある ……………………………………… 44
- 5・2　1s 軌道の波動関数を描く ………………………………………………… 46
- 5・3　波動関数の物理的な意味 …………………………………………………… 48
- 5・4　動径分布関数 …………………………………………………………………… 49
- 5・5　複素関数を実関数にする …………………………………………………… 50
- 章末問題 ……………………………………………………………………………… 53

第6章　角運動量とゼーマン効果 …………………………………………………… 54
- 6・1　粒子の回転運動と角運動量 ………………………………………………… 54
- 6・2　角運動量の演算子 …………………………………………………………… 55
- 6・3　角運動量と磁気モーメント ………………………………………………… 57
- 6・4　外部磁場と磁気モーメントの相互作用 ………………………………… 59
- 6・5　外部磁場のなかの水素原子 ………………………………………………… 60
- 章末問題 ……………………………………………………………………………… 62

第7章　電子のスピン角運動量 ……………………………………………………… 64
- 7・1　不均一磁場のなかの水素原子 ……………………………………………… 64
- 7・2　電子のスピン角運動量 ……………………………………………………… 66
- 7・3　外部磁場とスピン角運動量の相互作用 ………………………………… 68
- 7・4　軌道角運動量とスピン角運動量の合成 ………………………………… 70
- 7・5　スピン-軌道相互作用によるエネルギー準位の分裂 ……………… 71
- 章末問題 ……………………………………………………………………………… 73

第8章　電子間の相互作用の影響 …………………………………………………… 74
- 8・1　ヘリウムイオンの波動方程式 ……………………………………………… 74
- 8・2　ヘリウム原子の波動方程式 ………………………………………………… 76
- 8・3　遮蔽効果と有効核電荷 ……………………………………………………… 78
- 8・4　H, He^+, He のエネルギー固有値の比較 ……………………………… 80

 8・5 2s 軌道と 2p 軌道の遮蔽効果の比較………………………………81
 章末問題……………………………………………………………………83

第 9 章 パウリの排他原理とフントの規則……………………………84
 9・1 全軌道角運動量と全スピン角運動量……………………………84
 9・2 電子基底状態と電子励起状態の名前……………………………86
 9・3 一重項と三重項のスピン関数……………………………………88
 9・4 エネルギー準位の順番を決めるフントの規則…………………90
 9・5 許容遷移と禁制遷移………………………………………………92
 章末問題……………………………………………………………………93

第 10 章 多電子原子の電子配置と電子状態…………………………94
 10・1 多電子原子の波動方程式…………………………………………94
 10・2 多電子原子の電子配置……………………………………………95
 10・3 第 2 周期の元素の電子配置………………………………………97
 10・4 第 3 周期, 第 4 周期, 第 5 周期の元素の電子配置……………98
 10・5 多電子原子の電子状態……………………………………………101
 章末問題……………………………………………………………………103

第 Ⅱ 部 分 子 の 量 子 論

第 11 章 水素分子イオンと LCAO 近似…………………………………107
 11・1 水素分子イオンの波動方程式……………………………………107
 11・2 原子軌道で分子軌道を近似する…………………………………108
 11・3 結合性軌道と反結合性軌道………………………………………110
 11・4 重なり積分とクーロン積分と共鳴積分…………………………112
 11・5 水素分子イオンのエネルギーは核間距離に依存する…………113
 章末問題……………………………………………………………………116

第 12 章 等核二原子分子の分子軌道……………………………………117
 12・1 水素分子のエネルギー準位と電子配置…………………………117
 12・2 ヘリウム分子のエネルギー準位と電子配置……………………120
 12・3 ヘリウム分子イオンは存在するか………………………………121
 12・4 リチウム分子とベリリウム分子…………………………………122

12・5　分子軌道の対称性 ……………………………………… 124
　　　章末問題 ………………………………………………………… 126

第13章　一般の等核二原子分子 …………………………………… 127
13・1　$2p_z$ 軌道からできる σ 軌道 ……………………………… 127
13・2　$2p_x$ 軌道あるいは $2p_y$ 軌道からできる π 軌道 ………… 129
13・3　ホウ素分子のエネルギー準位と電子配置 ……………… 132
13・4　炭素分子と窒素分子のエネルギー準位と電子配置 …… 133
13・5　等核二原子分子の電子配置と結合次数 ………………… 134
　　　章末問題 ………………………………………………………… 136

第14章　水素原子を含む異核二原子分子 ………………………… 137
14・1　水素化リチウムの分子軌道 ……………………………… 137
14・2　2s 軌道と $2p_z$ 軌道からできる sp 混成軌道 …………… 138
14・3　水素化ベリリウムと水素化ホウ素のエネルギー準位と電子配置 ‥ 141
14・4　水素化炭素のエネルギー準位と電子配置 ……………… 142
14・5　その他の水素を含む異核二原子分子 …………………… 144
　　　章末問題 ………………………………………………………… 146

第15章　一般の異核二原子分子 …………………………………… 147
15・1　フッ化リチウムのエネルギー準位と電子配置 ………… 147
15・2　混成軌道を使ったフッ化リチウムの分子軌道の説明 … 149
15・3　フッ化ベリリウムのエネルギー準位と電子配置 ……… 150
15・4　その他の異核二原子分子の電子配置と結合次数 ……… 152
15・5　異核二原子分子の結合距離と結合エネルギー ………… 154
　　　章末問題 ………………………………………………………… 156

第16章　多原子分子の sp 混成軌道と sp^2 混成軌道 …………… 157
16・1　直線分子と非直線分子 …………………………………… 157
16・2　二水素化ベリリウムの Be 原子の電子配置 …………… 158
16・3　二水素化ベリリウムの sp 混成軌道と幾何学的構造 … 160
16・4　三水素化ホウ素の B 原子の電子配置 ………………… 162
16・5　三水素化ホウ素の sp^2 混成軌道と幾何学的構造 …… 163
　　　章末問題 ………………………………………………………… 165

第 17 章　多原子分子の sp³ 混成軌道 ……………………………… 167
17・1　メタンの炭素原子の電子配置 …………………………………… 167
17・2　メタンの sp³ 混成軌道と分子軌道 ……………………………… 168
17・3　アンモニアの sp³ 混成軌道と分子軌道 ………………………… 170
17・4　水の sp³ 混成軌道と分子軌道 …………………………………… 172
17・5　アンモニアボランの配位結合 …………………………………… 174
　　　章末問題 …………………………………………………………… 175

第 18 章　遷移金属錯体の配位結合 ……………………………………… 177
18・1　五つの縮重した 3d 軌道 ………………………………………… 177
18・2　遷移金属原子の混成軌道 ………………………………………… 179
18・3　配位子の種類で変わる錯体の幾何学的構造 …………………… 180
18・4　6 配位の遷移金属錯体の混成軌道 ……………………………… 183
18・5　遷移金属錯体の幾何異性体 ……………………………………… 185
　　　章末問題 …………………………………………………………… 186

第 19 章　炭化水素の分子軌道 …………………………………………… 187
19・1　エタンの単結合 …………………………………………………… 187
19・2　エチレンの二重結合 ……………………………………………… 189
19・3　アセチレンの三重結合 …………………………………………… 191
19・4　アレンの累積二重結合 …………………………………………… 192
19・5　ブタジエンの共役二重結合 ……………………………………… 193
　　　章末問題 …………………………………………………………… 196

第 20 章　共役二重結合に関する近似法 ………………………………… 197
20・1　ヒュッケル近似法 ………………………………………………… 197
20・2　ヒュッケル近似法によるブタジエンの π 軌道 ………………… 199
20・3　箱型ポテンシャル近似によるブタジエンのエネルギー固有値 … 201
20・4　箱型ポテンシャル近似によるブタジエンの波動関数 ………… 203
20・5　ベンゼンの π 軌道の波動関数とエネルギー固有値 …………… 204
　　　章末問題 …………………………………………………………… 207

索　引 ……………………………………………………………………… 209

第 I 部

原子の量子論

1
どうして量子論が必要か

> 19世紀の後半になって，太陽から放射される電磁波の強度分布，あるいは，金属に電磁波を照射したときに電子が飛び出す光電効果など，古典力学では説明できない多くの現象が見つかった．これらの現象を理解するためには，"エネルギーは量子化されている"という新しい理論，すなわち，量子論が必要であった．

1・1 古典力学と量子論

まず始めに，どうして量子論が必要になったのかを簡単に説明しようと思う．今では古典力学とよばれているが，目でみえる物体の運動を理解するための力学は18世紀までにほとんど完成され，残された課題は力学全体の体系をいかに美しく記述するかぐらいだと考えられていた．ある時刻の物体の位置と速度がわかれば，ケプラーの法則，ニュートンの運動方程式などを用いて，その後に，その物体が，いつ，どの位置に移動するかを正確に予測することができた．その最も典型的な例は天体の運動である．いつ，日食や月食が起きるのか，いつ，ハレー彗星が現われるのか，観測できる日時や場所を正確に予測することができた．

19世紀になって科学技術は急速に発展し，物質は分子や原子などの目にみえないとてつもなく小さな粒子で構成されていることが明らかになった．それでも当時は，分子や原子が示すさまざまな現象も古典力学によって理解できると考え，さまざまな理論的なアプローチが試みられた．しかしながら，目でみえない分子や原子の世界には，古典力学では全く理解できない現象がいくつもあることがしだいに明らかになった．そのきっかけとなった例の一つが，太陽から放射される電磁波の強度分布である．

1・2 太陽はどのようにしてできたか

太陽は目でみえる巨大な物体である．何でできているかというと，おもに水

素でできている．宇宙が始まったとき（ビッグバンあるいはインフレーション）に，まずは素粒子（クォークやレプトンなど）ができ，そして，素粒子が集まって核子ができた（図1・1）．クォークにはさまざまなものがあるが，2個のアッ

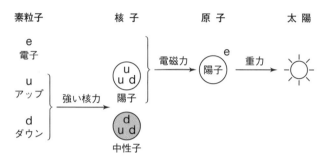

図1・1　素粒子から太陽への誕生過程

プuと1個のダウンdが"強い核力"によって結合すると陽子ができ，1個のアップと2個のダウンが結合すると中性子ができる．そして，正の電荷をもつ陽子が負の電荷をもつ電子と"電磁力"によって結合すれば水素原子ができる．宇宙で最初にできた原子は元素のなかで最も簡単な水素原子Hであり，さらに長い年月をかけて，"重力"によって水素原子が集まって物体となり，太陽ができた*．宇宙空間に存在するほとんどの原子は水素原子である（表1・1）．

表1・1　宇宙（太陽系）における元素の存在比

元素	存在比	元素	存在比
H	0.93381	Ne	0.00010
He	0.06490	Mg	0.00003
O	0.00063	Si	0.00003
C	0.00035	Fe	0.00002
N	0.00011	S	0.00001

　太陽のなかでは核融合によって莫大なエネルギーが生み出され，表面は6000Kもの高温になっている．陽子と中性子が結合すれば水素原子の同位体である

---

* ダウンdはβ^-壊変してアップuと電子eと反電子ニュートリノ$\bar{\nu}_e$になる（d→u+e+$\bar{\nu}_e$）．つまり，β^-壊変で中性子は陽子になる．このとき，粒子間には"弱い核力"がはたらく．強い核力，弱い核力，電磁力，重力を自然界の基本的な四つの力という．

重水素原子 D ができ，重水素原子と重水素原子が核融合すればヘリウム原子 He ができる（図1・2）．その際に，アインシュタイン（A. Einstein）が発見した有名な式 $E = mc^2$ に従って，一部の質量 m がエネルギー E に変換される（c は真空中の光速度を表す）．このようにして太陽は莫大なエネルギーを生み出すが，そのエネルギーを内部にため込んでいるわけではない．外に向かってエネルギーを放出する．太陽がどのようにしてエネルギーを放出するかというと，電磁波の放射などによってである．§1・5で説明するように，電磁波はエネルギーの粒のようなものだから（光量子という），たくさんの電磁波を放射すれば，たくさんのエネルギーを放出したことになる．

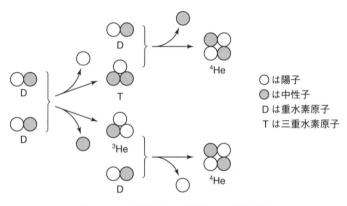

図 1・2 太陽のなかで起きている核融合

1・3 太陽から放射される電磁波

太陽からどのような電磁波が放射されるかというと，電波，赤外線，可視光線，紫外線，X線，γ線など，すべての電磁波である．太陽のような目でみえる物体が高温になると，あらゆる電磁波が放射されることがわかっている．物理の分野では黒体放射ともいわれている．ただし，すべての電磁波が同じ強度で放射されるわけではない．電磁波の振動数 ν を横軸にとり，地表で観測した電磁波の強度を縦軸にとってグラフにすると，図1・3のようになる（電磁波は後で説明するように振動数の違いで区別できる）．この図からすぐにわかるように，赤外線から可視光線にかけて強度の最大値があり，それらに比べると紫外線など，その他の電磁波の強度は小さい．たくさんの可視光線が太陽から地球

に届くおかげで，われわれは明るい世界で生きることができる*．

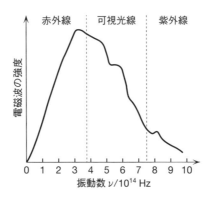

図 1・3　太陽から放射される電磁波の強度分布

　赤外線とか可視光線とかいう呼び名は人間が勝手につけたものであり，すべてが同じ電磁波の仲間である（表1・2）．電磁波の種類は波長あるいは振動数で区別される．電波から赤外線，可視光線，紫外線，X線，γ線になるにしたがって波長が短くなり，振動数は高くなる．波長というのは，字のごとく，波

表 1・2　電磁波の種類と波長，振動数

電磁波の種類		波長 / m	振動数 / Hz
γ 線[†]		$\sim 1\times 10^{-11}$	$\sim 3\times 10^{19}$
X 線[†]		$1\times 10^{-12} \sim 1\times 10^{-8}$	$3\times 10^{20} \sim 3\times 10^{16}$
紫外線		$1\times 10^{-8} \sim 4\times 10^{-7}$	$3\times 10^{16} \sim 7.5\times 10^{14}$
可視光線		$4\times 10^{-7} \sim 8\times 10^{-7}$	$7.5\times 10^{14} \sim 3.75\times 10^{14}$
赤外線	近赤外線	$8\times 10^{-7} \sim 2.5\times 10^{-6}$	$3.75\times 10^{14} \sim 1.2\times 10^{14}$
	中赤外線	$2.5\times 10^{-6} \sim 4\times 10^{-5}$	$1.2\times 10^{14} \sim 7.5\times 10^{12}$
	遠赤外線	$4\times 10^{-5} \sim 1\times 10^{-4}$	$7.5\times 10^{12} \sim 3\times 10^{12}$
電波	マイクロ波	$1\times 10^{-4} \sim 1$	$3\times 10^{12} \sim 3\times 10^{8}$
	ラジオ波	$1 \sim$	$3\times 10^{8} \sim$

† γ線とX線は発生法で区別され，一部の範囲は重なっている．

＊　図1・3で，電磁波の強度が滑らかになっていない理由は地表で観測したためであり，大気中の水蒸気やオゾンなどが電磁波の一部を吸収しているからである．

の長さのことである．電磁波は電場や磁場が振動する横波だから，波長は横波の山と山の間の長さ，あるいは谷と谷の間の長さのことである（図1・4）*．

波長は赤色の光よりも紫色の光のほうが短い．虹の赤色から紫色に向かって波長が短くなる．どのくらいの長さかというと，赤色の波長が約 6.50×10^{-7} m，紫色の波長が約 4.10×10^{-7} m である．可視光線の場合には，ナノメートル（nm ＝ 10^{-9} m）という単位で波長を表すことが多い（桁数を表すナノ n については表1・3参照）．したがって，それぞれの波長は 650 nm と 410 nm である．

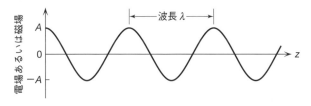

図 1・4 電磁波の波長 (A は振幅)

一方，振動数というのは波が1秒間に振動する回数のことである．単位としては1秒間あたりの振動回数，つまり，s^{-1} を使う．あるいは，同じ意味であるが，単位として Hz（ヘルツ）を使ったりする．○○ラジオ放送局が 954 kHz とか，携帯電話の電波が 800 MHz というように，電波では Hz のほうが振動数の単位としてはなじみ深い（キロ k やメガ M については表1・3参照）．なお，振動数を ν で，波長を λ で表すと，それらの間には真空中の光速度 c を使って，

$$c = \lambda \nu \qquad (1 \cdot 1)$$

の関係式がある．したがって，(1・1)式を利用すれば，振動数から波長へ，逆

表 1・3 桁数を表す記号

桁数	記号	呼び方	桁数	記号	呼び方
10^3	k	キロ	10^{-3}	m	ミリ
10^6	M	メガ	10^{-6}	μ	マイクロ
10^9	G	ギガ	10^{-9}	n	ナノ
10^{12}	T	テラ	10^{-12}	p	ピコ

---

* 電磁波は進行方向に対して垂直に電場と磁場が回転しながら進む．図1・4では，進行方向 z に対する電場または磁場の垂直成分の大きさ（たとえば，xz 平面への射影）を示している．

に，波長から振動数へと変換できる．たとえば，波長が 650 nm の赤色の光の振動数は次のようになる．

$$\nu \approx \frac{2.998 \times 10^8}{650 \times 10^{-9}} \approx 4.6 \times 10^{14} \text{ s}^{-1} = 460 \text{ THz} \qquad (1\cdot2)$$

1・4 プランクの黒体放射の式

太陽から放射される電磁波の強度分布（図1・3）も古典力学を使って説明できるはずだと考えて，多くの物理学者が挑戦した[*1]．そのなかで最も有力なものがレイリー（Lord Rayleigh）とジーンズ（J. H. Jeans）による理論式である．彼らは古典力学を使って，振動数が $\nu \sim \nu+\mathrm{d}\nu$ の範囲にある電磁波の強度が，

$$\text{電磁波の強度} = \frac{8\pi k_\mathrm{B} T}{c^3} \nu^2 \, \mathrm{d}\nu \qquad (1\cdot3)$$

で表されるという黒体放射の式を導いた（$\mathrm{d}\nu$ は振動数の微小範囲を表す）．ここで，k_B はボルツマン定数とよばれる定数，T は物体の熱力学温度，c は真空中の光速度である（表1・4）．物体のなかに熱振動子があると仮定して(1・3)式を導出しているので，ボルツマン定数 k_B や温度 T が現われる[*2]．

レイリーとジーンズの(1・3)式は電磁波の強度が振動数の2乗に比例して

表 1・4 基礎物理定数

物理量	記号	数値
真空中の光速度	c	$2.997\,924\,58 \times 10^8$ m s^{-1}
真空の誘電率	ε_0	$8.854\,187\,817 \times 10^{-12}$ F m^{-1}
電気素量	e	$1.602\,176\,620\,8 \times 10^{-19}$ C
電子の静止質量	m_e	$9.109\,383\,56 \times 10^{-31}$ kg
プランク定数	h	$6.626\,070\,040 \times 10^{-34}$ J s
ボーア半径	a_0	$5.291\,772\,106\,7 \times 10^{-11}$ m
ボルツマン定数	k_B	$1.380\,648\,52 \times 10^{-23}$ J K^{-1}
リュードベリ定数	R_∞	$1.097\,373\,156\,850\,8 \times 10^7$ m^{-1}
ボーア磁子	μ_B	$9.274\,009\,994 \times 10^{-24}$ J T^{-1}
核磁子	μ_N	$5.050\,783\,699 \times 10^{-27}$ J T^{-1}

[*1] 詳しくは，朝永振一郎，"量子力学 I"，第2版，みすず書房(1969) 参照．
[*2] 表1・4からわかるように，k_B の単位は J K^{-1}，T の単位は K，c の単位は m s^{-1}，ν および $\mathrm{d}\nu$ の単位は s^{-1} だから，(1・3)式の "電磁波の強度" の単位は J m^{-3}，つまり，単位体積あたりのエネルギーである．

いて,振動数の低い領域ではうまく説明できる〔図1・5(a)〕.しかし,振動数が高くなるにつれてエネルギーが高くなって発散するので,図1・3の観測結果をうまく説明できない.太陽から放射される電磁波の強度には赤外線から可視光線にかけて極大値があり,(1・3)式はそのことを説明できない.

一方,ウィーン(W. C. W. O. F. F. Wien)は,振動数の高い領域で電磁波の強度分布をうまく説明する黒体放射の式を経験的に見いだした.

$$電磁波の強度 = a\nu^3 \left\{ \exp\left(\frac{b\nu}{T}\right) \right\}^{-1} \quad (1・4)$$

ここで,a, b は定数である.この式ならば確かに極大値をもつ.しかし,この式では振動数の低い領域の強度分布をうまく説明できない〔図1・5(b)〕.(1・4)式は ν が 0 に近づくと,指数関数の部分が 1 に近づき,電磁波の強度は振動数 ν の 3 乗に比例する.しかし,実際にはレイリー・ジーンズの(1・3)式で示したように,ν の 2 乗に比例しなければならない.古典力学に基づいた理論では,どうしても観測結果を説明することは不可能であった.そこで,新しい理論,すなわち,量子論が必要となった.

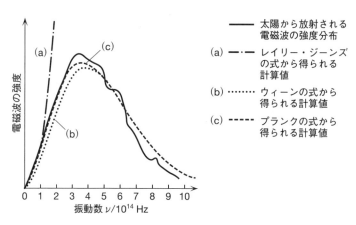

図 1・5 太陽から放射される電磁波の強度分布と計算値

プランク(M. K. E. L. Planck)は太陽から放射される電磁波の強度分布を説明するために,理由はわからないが,電磁波のエネルギー E が振動数 ν に比例するという仮説をたてた.

$$E = h\nu \quad (1・5)$$

比例定数 h はプランク定数とよばれる定数（表 1・4）である．ふつう，エネルギーは質量をもつ粒子（質点や物体）に付随する物理量である．電磁波は場（電場と磁場）が振動する波であり，質量をもたないから，(1・5)式のようなエネルギーを考えることは古典力学ではありえない[*1]．それでも，このような仮説をたてると，ウィーンが導いた(1・4)式の代わりに，

$$電磁波の強度 = \frac{8\pi h \nu^3}{c^3}\left\{\exp\left(\frac{h\nu}{k_{\mathrm{B}}T}\right) - 1\right\}^{-1} d\nu \qquad (1・6)$$

という黒体放射の式を得ることができた[*2]．ウィーンの(1・4)式の a が $8\pi h/c^3$ に，b が h/k_{B} に対応する．そして，図 1・5(c)に示すように，太陽（$T = 6000$ K）から放射される電磁波の強度分布を，すべての振動数の領域でとてもうまく説明できた．

1・5 電磁波のエネルギーには最小単位がある

プランクとは独立に，アインシュタインは光電効果の実験結果を理論的に説明しようとしていた．光電効果というのは，真空中で金属に電磁波を照射すると電子が飛び出す現象のことである．飛び出した電子のエネルギーを調べると，金属に照射した電磁波の振動数と強度に関して，次のような実験結果が得られた（図 1・6）．

(1) 電子が金属から飛び出すためには，ある振動数 ν_0 よりも高い振動数の電磁波を照射する必要がある．その振動数 ν_0 は金属の種類に依存する．
(2) 金属から飛び出した電子のエネルギーは，照射した電磁波の振動数に比例する．その比例定数は金属の種類に依存しない．
(3) 金属から飛び出した電子の量は照射した電磁波の強度に比例する．

アインシュタインは実験結果の(1)と(2)を説明するために，金属から飛び出した電子のエネルギーを次の式で表した．

$$E = h\nu - W \qquad (1・7)$$

右辺の第 2 項の W（$= h\nu_0$）は仕事関数とよばれ，電子が金属から飛び出すために必要な最低限のエネルギーであり，金属の種類に依存する．電子が原子核

[*1] コンプトン効果の解釈のために，質量をもたない電磁波が運動量 $h\nu/c$ をもつと考えられている．詳しくは，中田宗隆，"量子化学―基本の考え方 16 章"，東京化学同人(1995) 参照．
[*2] 詳しくは，朝永振一郎，"量子力学 I"，第 2 版，みすず書房(1969) 参照．

1・5 電磁波のエネルギーには最小単位がある

から逃れて自由になるためには，原子核との相互作用(静電引力)を断ち切るためのエネルギーが必要だという意味である．原子核の電荷は元素の種類によって異なるから，相互作用の大きさは当然ながら原子核の種類に依存する．

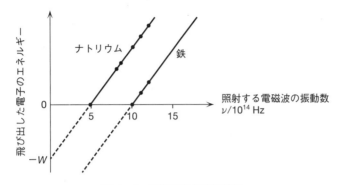

図 1・6 光電効果の実験結果

一方，(1・7)式の右辺の第1項の $h\nu$ は照射した電磁波のエネルギーを表し，プランクの仮定した (1・5)式と全く同じである．照射した電磁波のエネルギーが高くなれば，それに比例して，飛び出した電子のエネルギーも高くなる．そして，図1・6からわかるように，振動数 ν に対する傾きはナトリウムでも鉄でも同じであり，その比例定数がプランク定数 h となる．奇しくも，プランクとアインシュタインの二人は，電磁波のエネルギーに関して全く同じ結論を導いた．

アインシュタインは実験結果の(3)を説明するために，強度を考慮した電磁波のエネルギーを次のように表した．

$$E = n(h\nu) \qquad (1・8)$$

ここで，n は正の整数である．つまり，電磁波は1個，2個，…というように数えることができ，まぶしい光ほど個数 n が多く，微弱な光ほど個数 n が少ない．そして，振動数 ν の電磁波のエネルギーには最小単位があり，その値が $h\nu$ である．つまり，電磁波のエネルギーはとびとびであって，量子化されている*．一方，古典力学ではエネルギーは連続した物理量であり，量子化されたエ

---

* 太陽は物体なので，あらゆる電磁波が放射される．つまり，振動数 ν (図1・5の横軸)に関しては連続的である．一方，振動数 ν の電磁波には $h\nu$ というエネルギーの最小単位があり，その電磁波のエネルギー (図1・5の縦軸)はとびとびになる．

ネルギーの概念を受け入れるためには，新しい理論，すなわち，量子論が必要であった．

章末問題

1・1 クォークであるアップの電荷は$(2/3)e$，ダウンの電荷は$-(1/3)e$である．陽子と中性子の電荷を求めよ．eは電気素量であり，電子の電荷の大きさを表す定数である．

1・2 1個の^{4}He原子の質量は2個の陽子，2個の中性子，2個の電子の質量の合計よりも5.0×10^{-29}kg軽い．^{4}He原子がこれらの粒子から核融合によってできるときに，放出されるエネルギーを求めよ．

1・3 波長が1 cmの電磁波の種類を答えよ．また，振動数を求めよ．

1・4 振動数が30 THzの電磁波の種類を答えよ．ただし，THzは10^{12}Hzのことである．また，波長を求めよ．

1・5 波長λと真空中の光速度cを使って，電磁波のエネルギーを表す式を求めよ．

1・6 プランクの導いた(1・6)式で，振動数が無限大に近づくと強度が0に漸近することを示せ．

1・7 プランクの導いた(1・6)式で，振動数が0に近づくとレイリー・ジーンズが求めた(1・3)式に一致することを示せ．

1・8 プランクの導いた(1・6)式で，振動数が高い場合にはウィーンが求めた(1・4)式に一致することを示せ．

1・9 鉄は1×10^{15}Hzの電磁波を照射されたときに電子が飛び出し始める．プランク定数を6.63×10^{-34}Jsとして，鉄の仕事関数を求めよ．

1・10 波長が650 nmの赤色の光10個と，波長が410 nmの紫色の光7個では，どちらのエネルギーが高いか．

章末問題の解答は東京化学同人ホームページ（http://www.tkd-pbl.com/）の本書のページに掲載してます．

2
水素原子の発光と
ボーアの原子模型

> 水素原子から放射される電磁波の種類は限られている．その電磁波の波数は経験式であるリッツの結合則にまとめられる．しかし，古典力学では説明できない．そこで，ボーアは電子が原子核のまわりを円運動すると考え，さらに，角運動量が量子化されているという仮説をたてて，リッツの結合則を理論的に導いた．

2・1 水素原子が放射する電磁波

前章では，あらゆる種類の電磁波が太陽から放射されることを説明した．実際にスリットとプリズムを使って太陽から放射される光を分けると，スクリーン上に赤色から紫色までの虹ができる（図2・1）．虹の色は連続的に変化していて途切れることはないから，太陽からはすべての波長の電磁波が放射されると考えてよい．なお，スリットはプリズムに当たる光の範囲を狭くするために使う．スリットを使わないと，プリズムのいろいろな位置で分けられた光がスクリーン上で重なって，ぼやけた虹になってしまうからである．また，プリズムは光を分散させるために使う（分散させた光の集まりをスペクトルという）．波長の異なる光は空気 → ガラス → 空気のなかを進むにつれて進む方向が変わ

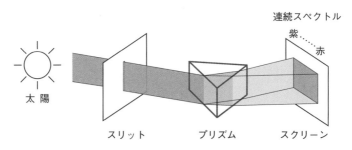

図 2・1　太陽から放射される電磁波（虹ができる）

る．これを光の屈折という．

ところが，同じ水素でも，太陽のような目にみえる巨大な物体ではなく，目にみえない小さな水素原子になると現象が大きく異なる．ガラス管に電極を封入した放電管にわずかな水素ガス（水素分子）を入れて，電圧をかけてみる（図2・2）．そうすると，水素分子はエネルギーをもらって結合が切れて，ばらばらの水素原子になる（$H_2 \to H + H$）．そのなかには単に水素原子になるだけではなく，エネルギーリッチな水素原子もできる．しかし，自然界ではエネルギーの高い状態は不安定であり，エネルギーの低い状態のほうが安定である．たとえば，滑り台でも，子供は高いところから低いところに自然に滑る．この場合にはポテンシャルエネルギー（位置エネルギーともいう）が低くなる．エネルギーリッチな水素原子も不安定な状態なので，エネルギーを捨てて安定な状態になろうとする．どのようにしてエネルギーを捨てるかというと，太陽と同じである．電磁波の放射によってエネルギーを捨てる．電磁波はエネルギーの粒である（§1・5 参照）．

しかし，目にみえない小さな粒子の水素原子から放射される電磁波には，水素のかたまりである物体の太陽とは大きな違いがある．実際にスリットとプリズムを使って調べると，図2・2に示すように虹（連続スペクトル）はできず，赤色（656 nm），青色（486 nm），紫色（434 nm）の3種類の光しかみえない（線スペクトル）．同じ水素から放射される電磁波なのに，物体と原子では何が違うのだろうか．太陽のような物体はエネルギーが連続であると考える古典力学に従い，水素原子はエネルギーがとびとびである（量子化されている）と考える量子論に従うということなのだろうか．

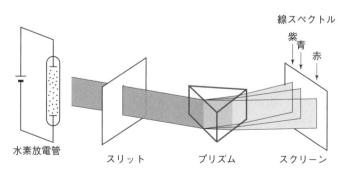

図 2・2 水素原子から放射される限られた電磁波

2・2 水素原子が吸収する電磁波

古典力学では全く理解しがたいことだが，水素原子から放射される電磁波の波長（つまり，エネルギー）はとびとびである．とびとびであるということは，水素原子のエネルギーがとびとびであることを意味する．このことを示すもう一つの例がフラウンホーファー線である．太陽は物体なので，あらゆる電磁波が放射される．このことは正しい．しかし，太陽の光を地球でていねいに観測すると，実は地球に届いていない電磁波がいくつかある．これをフラウンホーファー線という．どういうことかというと，太陽はとても高温なので，一部の水素は水素原子となって太陽のまわりに存在する．その水素原子が太陽から放射される電磁波のいくつかを吸収してしまうのである．

水素原子のエネルギーがとびとびであると仮定して，発光（放電管からの放射）と吸光（フラウンホーファー線）を解釈してみよう．図2・3の縦軸は水素原子のエネルギーを表す．エネルギーが量子化されていることを仮定しているので，かりに四つの黒丸をとびとびにつけた．量子論では，水素原子は黒丸以外のエネルギーの値をとれないことになっている．エネルギーは大きさを表す物理量だから，1次元のグラフ（図2・3の縦軸の矢印）で表現すれば十分である．しかし，発光や吸光の原理をわかりやすく説明するために，図2・3では黒丸の横に線を水平に描いた．これをエネルギー準位とかエネルギーレベルとかいう．水平線の長さや位置には物理的な意味はない．どの位置でも，単に黒丸と同じエネルギーの値であることを示すだけである．

まずは，前節の発光を解釈してみよう．エネルギーリッチな水素原子の状態はエネルギーの高い状態である．つまり，水素原子のエネルギーの値は上のほ

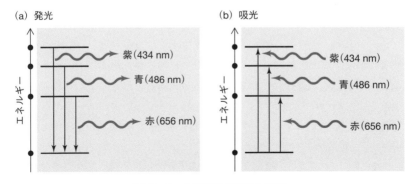

図 2・3 水素原子の発光と吸光

うの黒丸である．すでに説明したように，このような状態は不安定なので，電磁波（光量子）を放射して安定なエネルギーの状態になろうとする．つまり，下のほうの黒丸になろうとする．このように，状態が変化することを遷移といい，細い矢印で示した．放射される電磁波のエネルギーは遷移した二つのエネルギー準位間のエネルギー差に等しい．原子は黒丸以外のエネルギーの状態になれないので，二つのエネルギー準位間のエネルギー差に等しいエネルギーをもつ電磁波しか放射できない（細い矢印に沿って，少しずつエネルギーを放出することはあり得ないという意味）．図2・3(a)では一番高いエネルギー準位から一番下の準位に遷移するときには紫色，その次が青色，そして，赤色の電磁波となっている．どこから一番下のエネルギー準位に遷移するかによって，放射される電磁波の種類（エネルギー，振動数，そして，波長）が変わる．

フラウンホーファー線で説明した吸光の場合には，図2・3(a)とは逆である．一番エネルギーの低い状態になっている原子が電磁波を吸収して，エネルギーの高い状態になる〔図2・3(b)〕．この場合にも，二つのエネルギー準位間のエネルギー差に等しいエネルギーをもつ電磁波だけが吸収される．そうすると，水素原子から放射される電磁波と同じエネルギーをもつ電磁波を吸収することになる．フラウンホーファー線で吸収される電磁波は，水素放電管から放射される赤色（656 nm），青色（486 nm），紫色（434 nm）の電磁波である*．

2・3　リッツの結合則

図2・3では，水素原子の発光と吸光を可視光線の領域で説明した．実は紫外線の領域でも赤外線の領域でも同じような現象がある．可視光線の領域の赤色（656 nm），青色（486 nm），紫色（434 nm）などの電磁波をバルマー系列という．また，紫外線の領域の電磁波をライマン系列，近赤外線の領域の電磁波をパッシェン系列，赤外線の領域の電磁波をブラケット系列という．それぞれの発見者の名前がつけられている．とびとびではあるが，水素原子のエネルギー準位は無数にあり，放射される電磁波も無数にある．水素原子から放射される電磁波をまとめたものが図2・4である（遷移を表す細い矢印は一部のものを除いて省略した）．低いエネルギー準位から番号 n をつけてある．n は正の整数で

---

* 太陽のまわりの水素原子は電磁波を吸収して放射するから，地球に届く電磁波の強度は変わらないと思うかもしれない．しかし，地球に向かう電磁波を吸収した原子はあらゆる方向に電磁波を放射するので，原子に吸収された電磁波はほとんど地球に届かない．

あり，エネルギーが高くなるに従って，その値が大きくなる．この n が量子数とよばれ，量子論でとても重要な役割を果たす数である．図2・4で特徴的なことは，水素原子の量子化されたエネルギー（黒丸）が高くなるに従って間隔がしだいに狭くなり，値が0に近づくことである．また，それぞれの系列は電磁波の領域は異なるが，パターンは似ていることである．

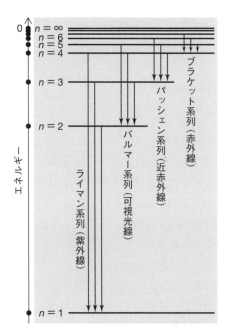

図 2・4　さまざまな電磁波の領域での水素原子の発光

リュードベリ（J. Rydberg）とリッツ（W. Ritz）は水素原子から放射されるそれぞれの系列の電磁波のエネルギーを，波長 λ の逆数で表す経験式を提案した．波長の逆数 $1/\lambda$ を波数といい，単位長さあたりの波の数である（記号は $\tilde{\nu}$）．どうしてこのように変換したかというと，波数は波長と異なり，エネルギーに比例する物理量なので（章末問題2・3），水素原子のエネルギーを考察しやすいからである．さらに，リッツは水素原子から放射されるすべての系列の電磁波の波数 $\tilde{\nu}$ を次の一つの経験式で表した（リッツの結合則という）．

$$\tilde{\nu} = R_\mathrm{H}\left(\frac{1}{n'^2} - \frac{1}{n^2}\right) \qquad (2\cdot1)$$

ここで R_H はリュードベリ定数とよばれる定数である．また，n' はエネルギーの低い準位を表す量子数，n はエネルギーの高い準位を表す量子数であり，ともに正の整数である．つまり，$(2\cdot 1)$ 式は n から n' に遷移するときに放射される電磁波の波数を表す．たとえば，赤色 (656 nm) の電磁波は $n = 3$ から $n' = 2$ への遷移で放射される電磁波であり，R_H は約 $1.097 \times 10^7\,\mathrm{m}^{-1}$ (表 1・4) なので，

$$\tilde{\nu} \approx (1.097 \times 10^7\,\mathrm{m}^{-1}) \times \left(\frac{1}{2^2} - \frac{1}{3^2}\right) \approx 1.524 \times 10^6\,\mathrm{m}^{-1} \qquad (2\cdot 2)$$

となる．したがって，赤色の電磁波の波長 λ は波数 $\tilde{\nu}$ の逆数をとって，

$$\lambda = \frac{1}{\tilde{\nu}} \approx \frac{1}{1.524 \times 10^6\,\mathrm{m}^{-1}} \approx 0.656 \times 10^{-6}\,\mathrm{m} = 656\,\mathrm{nm} \qquad (2\cdot 3)$$

となり，確かに観測結果を再現できる．

2・4 古典力学で理解する

水素原子のエネルギーを古典力学で求めてみよう．水素原子は陽子と電子からできていて，陽子の電荷は $+e$，電子の電荷は $-e$ であり，電荷の符号が逆なので，粒子間には静電引力がはたらく．そうすると，陽子と電子は衝突してしまい，水素原子は安定に存在できないことになる．しかし，現実には水素原子は安定に存在するから，それを説明する何らかのアイデアが必要である．

ボーア (N. Bohr) は陽子のまわりを電子が円運動するという原子模型を考えた (図 2・5)．こうすれば，電子には遠心力がはたらき，遠心力が静電引力と釣り合えば，電子は永遠に陽子のまわりを回転し続ける*．ちょうど，万有引力

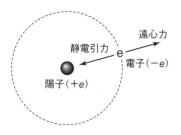

図 2・5 ボーアの原子模型

---

* 陽子がつくる電場のなかで，電荷をもつ電子が加速度運動することになるので，電磁波が放射される．これをシンクロトロン放射という．水素原子が電磁波を放射するとエネルギーが減るので，実は，ボーアの原子模型には無理がある．

によって太陽に引っ張られている地球が，太陽を中心に回転運動することによって遠心力がはたらき，万有引力と遠心力が釣り合っているようなものである．地球は半永久的に公転を続け，太陽に飲み込まれることはない．

図2・5の原子模型に従って，水素原子のエネルギーを古典力学で求めてみよう．まずは運動エネルギーTである．陽子の質量をM_N，電子の質量をm_e，それぞれの速さをVとvとすると，それぞれの運動エネルギーを足し算して，

$$T = \frac{1}{2}M_N V^2 + \frac{1}{2}m_e v^2 \tag{2・4}$$

となる．陽子の質量は電子の質量の約1800倍も重いので，ゆっくりにしか運動できない．そこで$V^2 \ll v^2$と仮定すると，(2・4)式は次のように近似できる．

$$T \approx \frac{1}{2}m_e v^2 \tag{2・5}$$

次に，静電引力Fによるポテンシャルエネルギーを考えよう．静電引力は電荷の積に比例して，距離rの2乗に反比例する．

$$F = \frac{(+e)(-e)}{4\pi\varepsilon_0 r^2} = \frac{-e^2}{4\pi\varepsilon_0 r^2} \tag{2・6}$$

ここで，ε_0は真空の誘電率である．分母の$4\pi\varepsilon_0$は左辺と右辺の単位系をあわせるための定数であり，気にする必要はない．一般に，力のあるところにはポテンシャルエネルギーUを考える必要がある．位置によって力の大きさが変わるので，それに伴ってエネルギーも変わるという意味である．ある位置とある位置のポテンシャルエネルギーの差は，ある位置からある位置まで動かすための力を積分すればよい．今，電子が陽子から無限大の距離だけ離れた状態から，距離rまで近づくために必要なポテンシャルエネルギーを求めると，

$$U = \int_\infty^r F\,dr = -\int_\infty^r \frac{e^2}{4\pi\varepsilon_0 r^2}dr = -\frac{e^2}{4\pi\varepsilon_0 r} \tag{2・7}$$

となる．エネルギーが負になっているが，気にする必要はない．ポテンシャルエネルギーは絶対値ではなく相対値であり，基準の取り方によって符号が変わる．今は陽子と電子の距離が無限大のときのエネルギーを基準の0にしているので，電子が静電引力によって無限大から陽子に近づくにつれてエネルギーは低くなり（負になり），安定になる*．結局，水素原子のエネルギーEは運動エ

---

* 重力によるポテンシャルエネルギーも基準によって符号が変わる．机の上のポテンシャルエネルギーは床を基準にとれば正の値だが，天井を基準にとれば負の値になる．

ネルギー T とポテンシャルエネルギー U をあわせて，次のように書ける．

$$E = T + U = \frac{1}{2}m_\mathrm{e}v^2 - \frac{e^2}{4\pi\varepsilon_0 r} \qquad (2\cdot 8)$$

次に，力の釣り合いを考えてみよう．円運動している電子の質量を m_e，速さを v とすると，高校の物理で習ったように，遠心力は $m_\mathrm{e}v^2/r$ で表される．そうすると，遠心力が(2・6)式の静電引力の大きさと釣り合うためには，

$$\frac{e^2}{4\pi\varepsilon_0 r^2} = \frac{m_\mathrm{e}v^2}{r} \qquad (2\cdot 9)$$

となる必要がある．ここでは大きさを考えているので，負の符号を削除した．(2・9)式の両辺に r を掛け算すると，次のようになる．

$$\frac{e^2}{4\pi\varepsilon_0 r} = m_\mathrm{e}v^2 \qquad (2\cdot 10)$$

これを(2・8)式に代入すると，水素原子のエネルギーは，

$$E = -\frac{1}{2}\frac{e^2}{4\pi\varepsilon_0 r} \qquad (2\cdot 11)$$

となる．古典力学では陽子と電子との間の距離 r は連続である．そうすると，エネルギーは距離 r の関数だから，エネルギーも連続でなければならない．つまり，(2・11)式は図2・4の黒丸で示したようなとびとびのエネルギーを説明できない．これが古典力学の限界である．

2・5 角運動量を量子化する

図2・4のとびとびのエネルギー（黒丸）を説明するためには，電子が陽子のまわりのある限られた距離でしか円運動できない〔(2・11)式の r がとびとびである〕と考えるしかない．そこで，ボーアは角運動量の量子化を考えた．角運動量というのは，エネルギーと同様に円運動している粒子に保存される重要な物理量である．角運動量の大きさは古典力学では $m_\mathrm{e}vr$ で表される（量子論での角運動量については6章で詳しく説明する）．速さも距離も連続する物理量なので，ありえないが，ボーアはこの角運動量には電磁波のエネルギーと同じように最小単位があり，$h/2\pi$ であると考えた．つまり，角運動量の大きさは，

$$m_\mathrm{e}vr = n\left(\frac{h}{2\pi}\right) \qquad (2\cdot 12)$$

で表される．ここで，n は正の整数である．これを(2・10)式に代入すれば，

$$r = \frac{\varepsilon_0 h^2}{\pi m_e e^2} n^2 \tag{2・13}$$

となる（章末問題2・6）．古典力学では想像できないが，電子は最小単位である $\varepsilon_0 h^2 / \pi m_e e^2$ よりも陽子に近づくことができない．この最小単位（$n=1$ のときの r）をボーア半径 a_0 という．

$$a_0 = \frac{\varepsilon_0 h^2}{\pi m_e e^2} \tag{2・14}$$

(2・13)式を(2・11)式に代入し，水素原子のエネルギーを a_0 で表すと，

$$E = -\frac{m_e e^4}{8\varepsilon_0^2 h^2} \frac{1}{n^2} = -\frac{e^2}{8\pi\varepsilon_0 a_0} \frac{1}{n^2} \tag{2・15}$$

となる．こうして，n のエネルギー準位から n' のエネルギーに遷移するときに放射される電磁波のエネルギーは，

$$\begin{aligned}\Delta E &= \left(-\frac{e^2}{8\pi\varepsilon_0 a_0}\frac{1}{n^2}\right) - \left(-\frac{e^2}{8\pi\varepsilon_0 a_0}\frac{1}{n'^2}\right) \\ &= \frac{e^2}{8\pi\varepsilon_0 a_0}\left(\frac{1}{n'^2} - \frac{1}{n^2}\right)\end{aligned} \tag{2・16}$$

と求められる（Δ は差を表す）．電磁波のエネルギー ΔE は $hc\tilde{\nu}$ で表されるから（章末問題2・3），(2・16)式の両辺を hc で割り算すると，

$$\tilde{\nu} = \frac{e^2}{8\pi\varepsilon_0 a_0 hc}\left(\frac{1}{n'^2} - \frac{1}{n^2}\right) = R_\infty\left(\frac{1}{n'^2} - \frac{1}{n^2}\right) \tag{2・17}$$

となり，リッツの結合則〔(2・1)式〕と一致する．R_∞ はリュードベリ定数で，

$$R_\infty = \frac{e^2}{8\pi\varepsilon_0 a_0 hc} \tag{2・18}$$

と定義される*．

結局，理由はわからないが，ボーアは角運動量の量子化を表す(2・12)式によって，水素原子のエネルギーを正確に求めることができた．量子論が完成する前にリッツの結合則を理論的に導くことができたのは，驚くべきことである．しかし，18ページの脚注で説明したように，電子が陽子のまわりを円運動するという仮定には無理がある．また，ある限られた半径でのみ電子が存在す

---

* ここでは，原子核が静止している，つまり，原子核の質量が ∞ であると仮定したので，リュードベリ定数に ∞ の記号を添えた．厳密には，リュードベリ定数は原子核の質量に依存するので，水素原子のエネルギーを表すリッツの結合則〔(2・1)式〕では R_H と表現した．

るということはありえない．電子は陽子のまわりの3次元空間のどこにでも存在できる．このことは，これから量子論を学ぶと理解できる．

章末問題

2・1 太陽は水素原子からできているのに，どうしてエネルギーは量子化されていないのか．

2・2 水素ガスを高圧にして放電させると，放射される電磁波はどうなるか．

2・3 (1・1)式と(1・5)式から電磁波のエネルギーが波数に比例することを示せ．

2・4 リッツの結合則を使って，水素原子から放射される青色の電磁波の波長が486 nmであることを示せ．ただし，リュードベリ定数を$1.097 \times 10^7 \, \text{m}^{-1}$とする．

2・5 量子数が$n = 6$から$n' = 3$に遷移するときに放射される電磁波の波長を求めよ．これは何系列の発光か．

2・6 (2・10)式と(2・12)式から(2・13)式を導け．

2・7 (2・14)式の右辺に表1・4の値を代入して，ボーア半径を計算せよ．真空の誘電率ε_0の単位のF（ファラド）は$C^2 J^{-1}$のことである．

2・8 (2・18)式の右辺に表1・4の値を代入して，リュードベリ定数の値を計算せよ．

2・9 ボーアの原子模型に基づくと，水素原子が赤色の電磁波（656 nm）を放射したあとの電子の円運動の半径はボーア半径a_0の何倍か．

2・10 原子核が陽子と中性子からなる重水素原子Dのエネルギーは，ふつうの水素原子Hと比べて同じか，異なるか．

3
水素原子の波動方程式

> 粒子は波の性質をもつ．これを物質波という．たとえば，電子を微結晶に当てると，X線を当てたときと同じような回折パターンが得られる．粒子の波長はド・ブロイの式から求められる．それを利用すると，粒子の波動方程式をたてることができる．その方程式を解くと，粒子の波動関数を求めることができる．

3・1 電磁波は回折する

　電子はとても小さいが，質量をもっているので明らかに粒子である．一方，§1・3で説明したようにX線は電磁波の一種であり，質量をもたず，電場や磁場が振動しながら進む波である．驚いたことに，この両者（電子とX線）が全く同じような回折パターンを示す．まずはヤングの実験を使って，どのようにして電磁波が回折されるかを説明しよう．

　ヤングの実験の原理を図3・1に示す．光源として単色光を用意する．単色光というのは波長が1種類の電磁波のことである．単色光は池に石を投げ入れたときにできる波紋のような横波として表現できる．ほとんどの単色光はスリッ

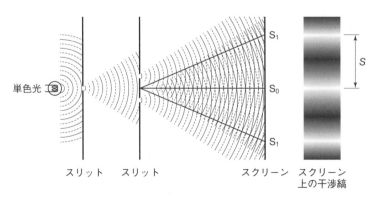

図 3・1　ヤングの実験の原理

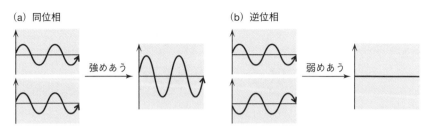

図 3・2　波の重ね合わせ

トに当たるとまっすぐに進む．しかし，進行方向から離れるにつれて急激に弱くなるが，単色光はあらゆる方向に進む．これを回折という．次に，回折した単色光を二つのスリットに当てる．そうすると，今度は二つのスリットの位置を中心に単色光が回折する．回折された二つの単色光は重なりあって干渉する．二つのスリットからの到達距離が同じ方向 S_0 では，波の山（実線）と山（実線），あるいは谷（破線）と谷（破線）が重なって単色光は強めあう〔同位相，図 3・2(a)〕．一方，到達距離が半波長ずれた方向では，山（実線）と谷（破線）が重なって単色光は打消される〔逆位相，図 3・2(b)〕．そして，二つのスリットからの到達距離が 1 波長ずれた方向 S_1 では，山（実線）と山（実線）あるいは谷（破線）と谷（破線）がふたたび重なって強めあう．こうして，単色光が強くなったり弱くなったりする干渉縞をスクリーン上に観測できる．

　塩をすりつぶすと微結晶ができる．微結晶に X 線を当てると，ヤングの実験と同じように干渉縞を観測できる．塩を構成するナトリウムイオン Na^+ と塩化物イオン Cl^- が二つのスリットに対応する．X 線は Na^+ と Cl^- で散乱されて，

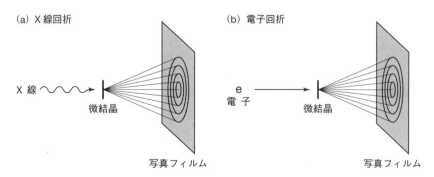

図 3・3　X 線と電子が与える微結晶の回折パターン

回折と同じ現象が起きる．どうしてX線を用いるかというと，二つのスリットの距離，つまり，Na^+とCl^-の距離がとても短い（約3×10^{-10} m）からである．干渉縞を観測するためには，当てる電磁波の波長を原子間隔の1桁以上も短くする必要がある．そこで，波長が約6×10^{-12} mのX線を用いる．X線回折では干渉縞を目でみると危ないので，写真フィルムに撮影する．ヤングの実験と大きく異なるもう一つの点は，微結晶がいろいろな方向を向いていることである．その結果，干渉縞は1次元ではなく2次元の同心円になる〔図3・3(a)〕．これをデバイ・シェラー環とよぶ*．

3・2 電子も回折する

トムソン（G. P. Thomson）はX線の代わりに電子を当てても同じデバイ・シェラー環が観測できることを見いだした〔図3・3(b)〕．X線回折に対して，これを電子回折という．電子回折はとても不思議な現象である．なぜならば，この章の始めに述べたように，電子は質量をもつ粒子であり，電磁波のような波ではない．電磁波はスリットで回折するが，粒子は真っ直ぐに進むだけなので，回折はしない．回折しなければ干渉も起きない．それでも電子を微結晶に当てるとデバイ・シェラー環が観測される．なぜだろうか．

ド・ブロイ（de Broglie）は"粒子は波の性質をもつ"という仮説を提案した．これを物質波という．どういうことなのか．まずは，アインシュタインの特殊相対性理論で考える．一般に，運動している粒子のエネルギーEは，

$$E = \sqrt{m^2c^4 + p^2c^2} \qquad (3・1)$$

で表される．ここで，mは粒子の静止質量，cは真空中の光速度，pは粒子の運動量の大きさを表す．運動量は質量と速さを掛け算したmvのことである．粒子が静止している場合（$v=0$）には，運動量pが0になるから$E=mc^2$となる．これが§1・2で説明したアインシュタインの式である．

もしも，(3・1)式が電磁波のような波にも適用できるならば，プランクの式から$E=h\nu$〔(1・5)式〕，また，電磁波の質量mに0を代入して，

$$h\nu = pc \qquad (3・2)$$

が得られる（10ページ脚注*1参照）．また，$c=\lambda\nu$の関係式(1・1)から，

---

* デバイ・シェラー環は，ヤングの実験で二つのスリットの中線を軸として，スクリーンを180°回したようなものである．微結晶があらゆる方向を向くので，このような同心円となる．もしも，微結晶ではなく単結晶を用いると，同心円ではなく点の集まりとなる．これをラウエ斑点という．

$$\lambda = \frac{c}{\nu} = \frac{h}{p} = \frac{h}{mv} \qquad (3 \cdot 3)$$

となる．(3・3)式は粒子の性質と波の性質を結び付ける重要な式であり，速さ v で運動している質量 m の粒子の波長 λ を計算する式と考えることもできる．

電圧 V で電子を加速したときに，電場から得られたエネルギーがすべて電子の運動エネルギーになると仮定すると，古典力学では次の関係式が成り立つ．

$$eV = \frac{1}{2} m_e v^2 \qquad (3 \cdot 4)$$

この式から速さ v を求めて(3・3)式に代入すると，電子の波長 λ を計算でき，

$$\lambda = \frac{h}{\sqrt{2m_e eV}} \qquad (3 \cdot 5)$$

となる．たとえば，4万ボルトの電圧で電子を加速すると，

$$\lambda \approx \frac{6.626 \times 10^{-34}}{\sqrt{2 \times 9.109 \times 10^{-31} \times 1.602 \times 10^{-19} \times 40000}} \approx 6.13 \times 10^{-12} \text{ m} \qquad (3 \cdot 6)$$

となる(基礎物理定数の値は表1・4参照)．つまり，4万ボルトの電圧で加速された電子の波長はX線とほとんど同じであり，X線を当てたときと同じようにデバイ・シェラー環が得られる〔図3・3(b)〕．

しかし，注意しなければならないことがある．電子の実体が波になってしまったわけではない．電子はあくまでも粒子である．思考実験として，1個の電子を微結晶に当てたとする．そのときにはデバイ・シェラー環はできない．写真を撮影すると，単に1個の点が黒くなるだけである．同様に，2個の電子を当てれば2個の点ができる．電子を同じように微結晶に当てているから，古典力学では運動方程式に従って二つの点は同じ位置に重なりそうだが，ミクロの世界の量子論では電子がどこにやってくるかは決まっていない．しかし，全くランダムかというと，そうでもない．無数の電子を微結晶に当てると点の位置にかたよりが現われて，デバイ・シェラー環ができる．まるで回折したかのごとくである．電子の波の性質は1個の粒子では現われないが，無数の集団となったときに初めて現われる性質である．これから量子論を学ぶと，粒子の波の性質とは集団を支配するルール，あるいは，確率であることがわかる*．

---

* 毎年，試験を行うと，個々の学生の成績は変わるが，クラス全体の成績分布はほとんど変わらない．個々の学生の成績が粒子の性質，クラス全体の成績分布や平均値が波の性質である．

3・3 古典力学で波動方程式を考える

粒子であるはずの電子の波の性質を調べるために，まずは古典力学を使って，一般的に波がどのように運動するかを調べてみよう．そのためには波の運動方程式をたてる必要がある．波の運動方程式のことを波動方程式，そして，その運動を表す関数のことを波動関数という．

両端の壁につながれた弦が上下に振動しているとする（図3・4）．このような波を定在波という．横軸の座標をx，縦軸の座標をuとする．uは水平線からの距離であり，変位とよばれる物理量である．変位uは位置xによって異なる値を示し，また，時間tとともに変化するので，xとtの両方を変数とする関数である．つまり，$u(x,t)$と書ける．定在波の変位は進行波と逆進行波の和で表すことができる．図3・5で示したように，進行波の山と逆進行波の山が重なれば山になり，山と谷が重なれば水平になり，谷と谷が重なれば谷となるので，弦の上下振動を表すことができる．具体的に式で書くと，次のようになる．

$$u(x,t) = a\sin\{k(x-vt)\} + a\sin\{k(x+vt)\} \quad (3・7)$$

ここで，aとkは定数，vは波の速さである．(3・7)式は高校の数学の知識を使って，次のように変形できる．

$$\begin{aligned}u(x,t) &= a\sin kx \cos kvt - a\cos kx \sin kvt + a\sin kx \cos kvt + a\cos kx \sin kvt \\ &= 2a\sin kx \cos kvt\end{aligned} \quad (3・8)$$

壁の両端（$x=0$および$\lambda/2$）では，変位は時間tに無関係に常に0だから，(3・

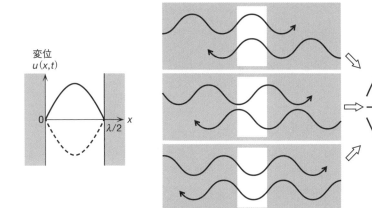

図3・4 弦の振動の座標　　図3・5 進行波と逆進行波の重ね合わせによる定在波

8)式は $\sin kx = 0$ でなければならない．左側の壁では $\sin 0 = 0$ となって，確かに成り立つ．右側の壁では $\sin(k\lambda/2) = 0$，つまり，$k\lambda/2 = \pi$ でなければならない．こうして，$k\lambda = 2\pi$ という関係式が得られる．

(3・8)式の両辺を x で2回偏微分すると，

$$\frac{\partial^2 u}{\partial x^2} = -2ak^2 \sin kx \cos kvt \qquad (3\cdot 9)$$

が得られる．微分は d で表すが，偏微分は ∂ で表す．偏微分というのは，一つの変数以外の変数を定数とみなして微分することである．(3・9)式の場合には，u は x と t の関数であるが，t を定数とみなして（$\cos kvt$ を定数とみなして），u を x で2回微分したという意味である．(3・8)式を(3・9)式に代入すると，

$$\frac{\partial^2 u}{\partial x^2} = -k^2 u(x) \qquad (3\cdot 10)$$

となる．t を定数とみなしているので，u を x のみの関数とした．$u(x)$ のことを振幅という．振幅は変位 $u(x, t)$ の最大値を表す．また，$k\lambda = 2\pi$ だから，(3・10)式は，

$$\frac{\partial^2 u}{\partial x^2} = -\frac{4\pi^2}{\lambda^2} u(x) \qquad (3\cdot 11)$$

となる．これが古典力学で時間 t を定数とみなしたとき（定常状態）の x に関する波動方程式である．

これまでは1次元で運動する弦の波動方程式を考えてきたが，後々のために(3・11)式を3次元に拡張しておこう．ただし，空間は x 方向も y 方向も z 方向も等方的なので，それぞれの方向について，(3・11)式と同じ式が成り立つと考える．そうすると，3次元での波動方程式は次のようになる．

$$\frac{\partial^2 u}{\partial x^2} + \frac{\partial^2 u}{\partial y^2} + \frac{\partial^2 u}{\partial z^2} = -\frac{4\pi^2}{\lambda^2} u(x, y, z) \qquad (3\cdot 12)$$

3・4 粒子の波動方程式

電子の実体は粒子であるが，電子が波の性質をもつことを §3・2 で説明した．それでは，電子の波の性質を使って定常状態での波動方程式をたて，それを解いて水素原子の波動関数 u〔位置 (x, y, z) での振幅〕を求めてみよう．

すでに述べたように，粒子の波長 λ と運動量 p の間にはド・ブロイの求めた関係式(3・3)がある．$\lambda = h/p$ を(3・12)式の右辺に代入すると，

$$\frac{\partial^2 u}{\partial x^2}+\frac{\partial^2 u}{\partial y^2}+\frac{\partial^2 u}{\partial z^2} = -\frac{4\pi^2 p^2}{h^2}u(x,y,z) \qquad (3\cdot 13)$$

となる．一方，水素原子のエネルギー E は $(2\cdot 8)$ 式で与えられていて，

$$E = T + U = \frac{1}{2}m_\mathrm{e} v^2 - \frac{e^2}{4\pi\varepsilon_0 r} \qquad (3\cdot 14)$$

である．第1項は運動エネルギーを表し，第2項はポテンシャルエネルギーを表す．ボーアの原子模型では円運動を仮定したが，ここでは，電子が3次元空間でどのような運動をしていてもよい．どのような運動をしていても $(3\cdot 14)$ 式は成り立つ．ここで，$(3\cdot 14)$ 式を運動量の大きさ $(p=m_\mathrm{e}v)$ で表すと，

$$E = \frac{p^2}{2m_\mathrm{e}} - \frac{e^2}{4\pi\varepsilon_0 r} \qquad (3\cdot 15)$$

となるから，運動量の2乗の大きさは次のようになる．

$$p^2 = 2m_\mathrm{e}\left(E + \frac{e^2}{4\pi\varepsilon_0 r}\right) \qquad (3\cdot 16)$$

$(3\cdot 16)$ 式を $(3\cdot 13)$ 式に代入すれば，

$$\frac{\partial^2 u}{\partial x^2}+\frac{\partial^2 u}{\partial y^2}+\frac{\partial^2 u}{\partial z^2} = -\frac{4\pi^2}{h^2}2m_\mathrm{e}\left(E + \frac{e^2}{4\pi\varepsilon_0 r}\right)u \qquad (3\cdot 17)$$

となり，さらに，この式を変形して整理すると次のようになる．

$$-\frac{\hbar^2}{2m_\mathrm{e}}\left(\frac{\partial^2 u}{\partial x^2}+\frac{\partial^2 u}{\partial y^2}+\frac{\partial^2 u}{\partial z^2}\right)-\frac{e^2}{4\pi\varepsilon_0 r}u = Eu \qquad (3\cdot 18)$$

ここで，$h/2\pi$ を $\hbar$ と定義した．また，u は x, y, z だけではなく r の関数でもあるので，$u(x, y, z)$ ではなく単に u とした．$(3\cdot 18)$ 式が粒子である水素原子の波動方程式である*．この2階の微分方程式を解くことによって，位置 (x, y, z) における電子の振幅 u を求めることができる．しかし，それはなかなか容易でないことが次章でわかる．

3・5 ハミルトン演算子

ある関数 $f(x)$ を x で微分するときに $\mathrm{d}f(x)/\mathrm{d}x$ と書く．たとえば，$f(x) = x^2$ な

---

* $(3\cdot 18)$ 式は原子核が静止していると仮定したために電子の波動方程式になっている．原子核の運動エネルギーも考慮した水素原子の波動方程式にするためには，m_e の代わりに換算質量 μ 〔$= M_\mathrm{N}m_\mathrm{e}/(M_\mathrm{N}+m_\mathrm{e})$〕にすればよい（II巻1章参照）．$(3\cdot 18)$ 式は近似的に表した"水素原子"の波動方程式である．

らば $df(x)/dx = 2x$ である.ここで,左辺を $(d/dx)f(x)$ と書いて二つに分離して表現すると,d/dx は"関数 $f(x)$ を x で微分する"という一般的な意味をもたせることができる.このように,ある関数を別の関数に変化させる操作のことを演算子,あるいは,オペレーターという.一般的に演算子を $\hat{A}$ で表すと,

$$\hat{A}f(x) = g(x) \qquad (3\cdot19)$$

となる.上記の微分の例では,$\hat{A} = d/dx$,$f(x) = x^2$,$g(x) = 2x$ である.そのほかに,積分や平方根なども演算子と考えてよい.たとえば,平方根を表す演算子を $\hat{A}$ とすれば,$\hat{A}x^4 = \pm x^2$ となる.

ある演算子をある関数に演算したときに,別の関数ではなく,もとの関数の定数倍になることがある.

$$\hat{A}f(x) = af(x) \qquad (3\cdot20)$$

このようなときに,a を固有値,$f(x)$ を固有関数という.たとえば,演算子として d/dx を考え,関数として $f(x) = \exp(kx)$ を考えると,

$$\frac{d}{dx}f(x) = \frac{d}{dx}\exp(kx) = k\exp(kx) = kf(x) \qquad (3\cdot21)$$

となって,k が固有値であり,$\exp(kx)$ が固有関数になることがわかる.ただし,ある演算子に対して固有値と固有関数は1組とは限らない.また,一つの固有値に対して複数の固有関数が存在する場合もある.そのような場合には,"固有関数が縮重している"という.

(3・18)式の水素原子の波動方程式を演算子と波動関数で表現すると,

$$\left[-\frac{\hbar^2}{2m_\text{e}}\nabla^2 - \frac{e^2}{4\pi\varepsilon_0 r}\right]\psi = E\psi \qquad (3\cdot22)$$

となる.ここで,∇(ナブラ)は x, y, z 成分をもつベクトル演算子である.

$$\nabla = \left(\frac{\partial}{\partial x}, \frac{\partial}{\partial y}, \frac{\partial}{\partial z}\right) \qquad (3\cdot23)$$

∇^2 は ∇ の2乗の大きさを表す演算子であり,∇ の内積で定義される*.

$$\nabla^2 = (\nabla\cdot\nabla) = \frac{\partial^2}{\partial x^2} + \frac{\partial^2}{\partial y^2} + \frac{\partial^2}{\partial z^2} \qquad (3\cdot24)$$

したがって,∇^2(ラプラシアン)は2階の微分演算子を表す.なお,量子論では波動関数を ψ(プサイ)で表すことが多いので,(3・22)式では u の代

---

* 中田宗隆,"量子化学 III ―化学者のための数学入門12章",東京化学同人(2005)参照.

わりに ψ を用いた．(3・22)式のことを水素原子のシュレーディンガー (E. Schrödinger) の波動方程式という．

(3・22)式の左辺のポテンシャルエネルギーも，それを関数に掛け算する演算子と考え，(3・22)式の演算子を，

$$\hat{H} = -\frac{\hbar^2}{2m_e}\nabla^2 - \frac{e^2}{4\pi\varepsilon_0 r} \quad (3\cdot 25)$$

とおくと，(3・22)式を次のように表すことができる．

$$\hat{H}\psi = E\psi \quad (3\cdot 26)$$

まさに，固有値と固有関数の関係である．E は水素原子のエネルギー固有値であり，ψ は波動関数である．また，$\hat{H}$ のことをハミルトン演算子という．(3・26)式をみていると，なんとなく，$\hat{H}=E$ とおきたくなるが，それは誤りである．$\hat{H}$ は関数をどのように変化させるかという操作を表す"演算子"であり，一方，E はエネルギーを表す"数値"である．全く意味の異なる記号なので，イコールで関係づけることはできない．演算子が固有値に対応していることを表すには，$\hat{H} \to E$ のように矢印を使うことにする．

古典力学では，水素原子のエネルギーは運動量を使って(3・15)式で表される．(3・15)式の $p^2 [=(\boldsymbol{p}\cdot\boldsymbol{p})]$ が(3・25)式の $-\hbar^2\nabla^2 [=(\pm i\hbar\nabla \cdot \pm i\hbar\nabla)]$ に対応しているから，ベクトルで表現すれば，

$$\boldsymbol{p} \to \pm i\hbar\nabla \quad (3\cdot 27)$$

のように対応する．ここで，i は虚数単位であり，$i^2 = -1$ である．つまり，運動量を微分演算子で表すと，古典力学から量子論の世界に移ることができる．なお，(3・27)式の正負の符号は，空間を表す座標を右手系でとるか左手系でとるかの違いであり(図3・6)，常にどちらかの系で考えていれば問題はない．量子論では一般に負の符号を選ぶことが慣例になっているので，(3・27)式のそれ

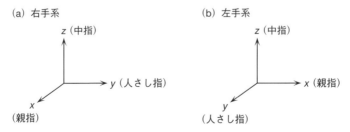

図 3・6 右手系と左手系

ぞれの成分は次のように対応する．

$$p_x \to -i\hbar \frac{\partial}{\partial x}, \quad p_y \to -i\hbar \frac{\partial}{\partial y}, \quad p_z \to -i\hbar \frac{\partial}{\partial z} \quad (3\cdot28)$$

章末問題

3・1 図3・1のヤングの実験で，二つのスリットから観測点までの距離が長くなると，干渉縞の間隔Sはどのようになるか．

3・2 図3・1のヤングの実験で，二つのスリットの距離が長くなると，干渉縞の間隔Sはどのようになるか．

3・3 時速36 kmで走っている重さ600 kgの車の波長を求めよ．ただし，プランク定数を6.626×10^{-34} J sとする．

3・4 電圧1万ボルトで加速された電子の波長を求めよ．

3・5 X線を限りなく弱くすると，X線回折の写真はどのようになるか．

3・6 関数を$f(x,t)=x^2\exp(ct)$とする．xの偏微分およびtの偏微分を求めよ．ただし，cは定数とする．

3・7 積分の演算子を関数x^2に演算したときに得られる関数を求めよ．

3・8 平方根の演算子を関数x^2に演算したときに得られる関数を求めよ．

3・9 演算子をd/dxとする．次の関数のなかで固有関数となるものはどれか．また，その固有値を求めよ．

(a) $3\exp(2x)$　　(b) $3\sin 2x$　　(c) $3\cos 2x$

3・10 問題3・9で，演算子をd^2/dx^2とすると，答えはどのようになるか．

4
水素原子の波動方程式を解く

> 水素原子の波動方程式は 2 階の微分演算子を含む形である．この微分方程式を解いて，波動関数とエネルギー固有値を求めることは容易ではない．直交座標系 (x, y, z) から極座標系 (r, θ, ϕ) に変換し，さらに，動径部分 r と角度部分 θ と ϕ に変数分離し，陪多項式を利用して解くと，量子数が現われる．

4・1 極座標系への変換

それでは，シュレーディンガーの波動方程式(3・22)を解いてみよう．

$$\left[-\frac{\hbar^2}{2m_\mathrm{e}} \nabla^2 - \frac{e^2}{4\pi\varepsilon_0 r} \right] \psi = E\psi \tag{4・1}$$

この方程式を解けば，水素原子（原子核は静止していると仮定しているので，実際には電子）の波動関数 ψ とエネルギー固有値 E を知ることができる．波動関数とは，ある位置における波の振幅のことである．しかし，ここで，とても困った問題がある．演算子の第 1 項の運動エネルギーの演算子 ∇^2 は，(3・24)式からわかるように直交座標系 (x, y, z) で定義されている．

$$\nabla^2 = \frac{\partial^2}{\partial x^2} + \frac{\partial^2}{\partial y^2} + \frac{\partial^2}{\partial z^2} \tag{4・2}$$

一方，方程式(4・1)の演算子の第 2 項のポテンシャルエネルギーは，原子核と電子との距離 r という極座標系 (r, θ, ϕ) で表されている．方程式(4・1)を解くためには，どちらかの座標系に統一しなければならない．3 次元空間の位置を表すには三つの変数で十分だからである．ここでは演算子 ∇^2 を極座標系に変換する．

直交座標系と極座標系の間には図 4・1 で示したような関係式がある．また，次の関係式もある．

$$r^2 = x^2 + y^2 + z^2 \quad (4 \cdot 3)$$

偏微分演算子を直交座標系から極座標系に変換するためには，たとえば，

$$\frac{\partial}{\partial x} = \frac{\partial}{\partial r}\frac{\partial r}{\partial x} + \frac{\partial}{\partial \theta}\frac{\partial \theta}{\partial x} + \frac{\partial}{\partial \phi}\frac{\partial \phi}{\partial x} \quad (4 \cdot 4)$$

などの関係式を使うとよい．変数 x は r, θ, ϕ の関数なので，∂x をそれぞれの微小部分 $\partial r, \partial \theta, \partial \phi$ に分けたという意味である．

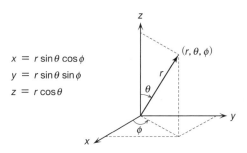

$x = r\sin\theta\cos\phi$
$y = r\sin\theta\sin\phi$
$z = r\cos\theta$

図 4・1 直交座標系と極座標系の関係

(4・4)式の右辺の第 1 項の $\partial r/\partial x$ は，(4・3)式の両辺を x で偏微分して，

$$2r\frac{\partial r}{\partial x} = 2x \quad (4 \cdot 5)$$

となるから，次のように計算できる．

$$\frac{\partial r}{\partial x} = \frac{x}{r} = \sin\theta\cos\phi \quad (4 \cdot 6)$$

つまり，(4・4)式の演算子の第 1 項は

$$\frac{\partial}{\partial r}\frac{\partial r}{\partial x} = \sin\theta\cos\phi\frac{\partial}{\partial r} \quad (4 \cdot 7)$$

となり，極座標だけで表すことができる．同様の計算を行えば，(4・4)式の右辺のすべての項を直交座標系から極座標系に変換できるし，また，2 階の偏微分演算子である ∇^2 も計算できる．しかし，相当に面倒な計算なので，ここでは結果だけを示すことにする*．極座標系で表した ∇^2 は次のようになる．

$$\nabla^2 = \frac{1}{r^2}\frac{\partial}{\partial r}\left(r^2\frac{\partial}{\partial r}\right) + \frac{1}{r^2\sin^2\theta}\frac{\partial^2}{\partial \phi^2} + \frac{1}{r^2\sin\theta}\frac{\partial}{\partial \theta}\left(\sin\theta\frac{\partial}{\partial \theta}\right) \quad (4 \cdot 8)$$

---

* 中田宗隆，"量子化学 III—化学者のための数学入門 12 章"，東京化学同人(2005) 参照．

4・2 変数を分離する

(4・8)式を(4・1)式に代入すると，極座標系で表した水素原子の波動方程式が得られる．

$$\left[-\frac{\hbar^2}{2m_e}\left\{\frac{1}{r^2}\frac{\partial}{\partial r}\left(r^2\frac{\partial}{\partial r}\right)+\frac{1}{r^2\sin^2\theta}\frac{\partial^2}{\partial \phi^2}\right.\right.$$
$$\left.\left.+\frac{1}{r^2\sin\theta}\frac{\partial}{\partial \theta}\left(\sin\theta\frac{\partial}{\partial \theta}\right)\right\}-\frac{e^2}{4\pi\varepsilon_0 r}\right]\psi = E\psi \quad (4・9)$$

この微分方程式をそのまま解いて，エネルギー固有値 E と波動関数 ψ を求めることは容易ではない．そこで，r に関する方程式，θ に関する方程式，ϕ に関する方程式に分離する．どのようにするかというと，まず，(4・9)式の両辺に $2m_e r^2$ を掛け算する．

$$\left[-\hbar^2\left\{\frac{\partial}{\partial r}\left(r^2\frac{\partial}{\partial r}\right)+\frac{1}{\sin^2\theta}\frac{\partial^2}{\partial \phi^2}\right.\right.$$
$$\left.\left.+\frac{1}{\sin\theta}\frac{\partial}{\partial \theta}\left(\sin\theta\frac{\partial}{\partial \theta}\right)\right\}-2m_e r^2\frac{e^2}{4\pi\varepsilon_0 r}\right]\psi = 2m_e r^2 E\psi \quad (4・10)$$

θ と ϕ に関する項を左辺に，r に関する項を右辺にまとめると，次のようになる．

$$\left[-\hbar^2\left\{\frac{1}{\sin^2\theta}\frac{\partial^2}{\partial \phi^2}+\frac{1}{\sin\theta}\frac{\partial}{\partial \theta}\left(\sin\theta\frac{\partial}{\partial \theta}\right)\right\}\right]\psi$$
$$=\left[\hbar^2\frac{\partial}{\partial r}\left(r^2\frac{\partial}{\partial r}\right)+2m_e r^2\left(E+\frac{e^2}{4\pi\varepsilon_0 r}\right)\right]\psi \quad (4・11)$$

一般に，二つの演算子 $\hat{A}$ と $\hat{B}$ がそれぞれ独立な変数 a と b のみを含み，

$$\hat{A}\psi = \hat{B}\psi \quad (4・12)$$

の関係式がある場合には，共通の固有値 c が存在して，

$$\hat{A}\psi = c\psi \quad \text{および} \quad \hat{B}\psi = c\psi \quad (4・13)$$

が成り立つ．また，固有関数 ψ は a のみを変数とする関数 $A(a)$ と，b のみを変数とする関数 $B(b)$ の積で表される．

$$\psi = A(a)B(b) \quad (4・14)$$

実際に，(4・14)式を(4・13)式に代入すると，

$$\hat{A}\psi = \hat{A}A(a)B(b) = \{cA(a)\}B(b) = cA(a)B(b) = c\psi \quad (4・15)$$

および

$$\hat{B}\psi = \hat{B}A(a)B(b) = A(a)\{cB(b)\} = cA(a)B(b) = c\psi \quad (4・16)$$

となって，確かに(4・13)式が成り立つことがわかる．(4・12)式を(4・13)式の二つの式に分ける手順を変数分離という．そうすると，(4・11)式の波動方程式を解いて求められる波動関数 ψ は，r に関する関数 $R(r)$ と θ, ϕ に関する関数 $Y(\theta, \phi)$ の積で表され，次の二つの方程式に変数分離できる．

$$\left[\hbar^2 \frac{d}{dr}\left(r^2 \frac{d}{dr}\right) + 2m_e r^2\left(E + \frac{e^2}{4\pi\varepsilon_0 r}\right)\right]R(r) = cR(r) \quad (4\cdot 17)$$

$$\left[-\hbar^2\left\{\frac{1}{\sin^2\theta}\frac{\partial^2}{\partial\phi^2} + \frac{1}{\sin\theta}\frac{\partial}{\partial\theta}\left(\sin\theta\frac{\partial}{\partial\theta}\right)\right\}\right]Y(\theta, \phi) = cY(\theta, \phi) \quad (4\cdot 18)$$

(4・17)式では固有関数 $R(r)$ は変数 r のみの関数なので，偏微分演算子 $\partial/\partial r$ の代わりに全微分演算子 d/dr で記述した．

まずは，角度部分である(4・18)式について調べてみよう．(4・18)式の両辺に $-\sin^2\theta/\hbar^2$ を掛け算すると，

$$\left[\frac{\partial^2}{\partial\phi^2} + \sin\theta\frac{\partial}{\partial\theta}\left(\sin\theta\frac{\partial}{\partial\theta}\right)\right]Y(\theta, \phi) = -c\frac{\sin^2\theta}{\hbar^2}Y(\theta, \phi) \quad (4\cdot 19)$$

となる．これを整理すると，

$$\left[\sin\theta\frac{\partial}{\partial\theta}\left(\sin\theta\frac{\partial}{\partial\theta}\right) + c\frac{\sin^2\theta}{\hbar^2}\right]Y(\theta, \phi) = -\frac{\partial^2}{\partial\phi^2}Y(\theta, \phi) \quad (4\cdot 20)$$

となる．左辺の演算子は θ のみを変数とし，右辺の演算子は ϕ のみを変数とするから，さらに θ と ϕ に関する方程式に変数分離できることがわかる．それぞれの固有関数を $\Theta(\theta)$ と $\Phi(\phi)$ とし，それらの共通の固有値を m^2 とすれば（どうして2乗にしたかは，すぐにわかる），

$$\left[\sin\theta\frac{d}{d\theta}\left(\sin\theta\frac{d}{d\theta}\right) + c\frac{\sin^2\theta}{\hbar^2}\right]\Theta(\theta) = m^2\Theta(\theta) \quad (4\cdot 21)$$

$$-\frac{d^2}{d\phi^2}\Phi(\phi) = m^2\Phi(\phi) \quad (4\cdot 22)$$

となる．$\Theta(\theta)$ および $\Phi(\phi)$ はそれぞれ θ および ϕ のみを変数とする関数なので，偏微分演算子の $\partial/\partial\theta$ および $\partial^2/\partial\phi^2$ ではなく，全微分演算子の $d/d\theta$ および $d^2/d\phi^2$ で記述した．

(4・22)式は最も簡単な2階の微分方程式の一つであり，一般解は指数関数で表される．

$$\Phi(\phi) = k_1 \exp(k_2\phi) \quad (4\cdot 23)$$

ここで，k_1 および k_2 は定数である．定数 k_2 は (4・23) 式を (4・22) 式に代入すれば決定できる．

$$-\frac{d^2}{d\phi^2}\{k_1 \exp(k_2\phi)\} = -k_2{}^2 k_1 \exp(k_2\phi) = m^2 k_1 \exp(k_2\phi) \quad (4\cdot24)$$

つまり，$k_2 = \pm im$ である．ここで，i は虚数単位である．かりに正の符号をとると，ϕ に関する固有関数 $\Phi(\phi)$ は，

$$\Phi_m(\phi) = k_1 \exp(im\phi) \quad (4\cdot25)$$

と求められる（負の符号をとっても同じ結果になることが，すぐにわかる）．固有関数 Φ は m によって変わるので，Φ の右下に m の添え字をつけた．

角度 ϕ が何を表すかを思い出してみよう．図 4・1 で表されるように，ϕ は z 軸まわりの角度のことである．そうすると，360°（ラジアンで表すと 2π）回転すると，もとの位置に戻る．つまり，ϕ と $\phi+2\pi$ では関数の値は同じになるはずである．したがって，関数 $\Phi_m(\phi)$ は次の条件を満たす必要がある．

$$k_1 \exp(im\phi) = k_1 \exp\{im(\phi+2\pi)\} = k_1 \exp(im\phi)\exp(im2\pi) \quad (4\cdot26)$$

つまり，

$$\exp(im2\pi) = 1 \quad (4\cdot27)$$

を満たす必要がある．左辺はオイラーの公式を使うと $\cos(m2\pi) + i\sin(m2\pi)$ だから，1 になるために満たすべき条件は，

$$m = 0, \pm1, \pm2, \pm3, \cdots\cdots \quad (4\cdot28)$$

である．m の符号をかりに正として説明したが，(4・28) 式の条件により，$-m$ でも同じ結果が得られることがわかる．

一方，定数 k_1 は規格化定数である．規格化定数とは，ある複素関数にその共役複素関数を掛け算して，全積分範囲で積分した値が 1 になるようにする定数のことである（次章で説明するように，波動関数の 2 乗が確率を表すようにするため）．(4・25) 式の $\Phi_m(\phi)$ の場合には ϕ の全積分範囲は $0\sim2\pi$ だから，

$$\int_0^{2\pi} k_1\exp(im\phi)\,k_1\exp(-im\phi)\,d\phi = \int_0^{2\pi} k_1{}^2\,d\phi = 2\pi k_1{}^2 = 1 \quad (4\cdot29)$$

となる．k_1 は $\pm(1/2\pi)^{1/2}$ となるが，波動関数の正負の符号には意味がないので（§5・3 参照），かりに正の値をとると $\Phi_m(\phi)$ は，

$$\Phi_m(\phi) = \left(\frac{1}{2\pi}\right)^{\frac{1}{2}}\exp(im\phi) \quad (4\cdot30)$$

となる．

4・3 ルジャンドルの方程式とルジャンドル多項式

次に，角度 θ に関する波動方程式(4・21)を解いてみよう．しかし，残念ながら，角度 ϕ に関する波動方程式(4・22)のようには簡単に解けない．ただし，ルジャンドルの方程式とその解であるルジャンドル多項式を利用すると，解くことができる．ルジャンドルの方程式とは，

$$\left[(1-x^2)\frac{\mathrm{d}^2}{\mathrm{d}x^2} - 2x\frac{\mathrm{d}}{\mathrm{d}x} + l(l+1)\right]P(x) = 0 \quad (4\cdot31)$$

のことである．微分方程式(4・31)は l が整数 $0, 1, 2, \cdots$ の場合には解を求めることができる．たとえば，$l=0$ の場合には $P(x)=1$ が求めるべき関数である．実際に $l=0$ と $P(x)=1$ を(4・31)式に代入してみよう．定数である1を1回微分すると0であり，2回微分しても0である．そうすると，左辺は，

$$左辺 = (1-x^2)\times 0 - 2x\times 0 + 0\times(0+1)\times 1 = 0 \quad (4\cdot32)$$

となって，確かにルジャンドルの方程式の解であることがわかる．また，$l=1$ の場合には，$P(x)=x$ がルジャンドルの方程式の解である．x を1回微分すると $(\mathrm{d}/\mathrm{d}x)x=1$，さらに，もう1回微分すると $(\mathrm{d}^2/\mathrm{d}x^2)x=0$ だから，(4・31)式の左辺は，

$$左辺 = (1-x^2)\times 0 - 2x\times 1 + 1\times(1+1)\times x = 0 \quad (4\cdot33)$$

となって，ルジャンドルの方程式の解であることがわかる．

それでは，$l=2$ の場合にはどうなるかというと，ちょっと複雑であるが，$P(x)=(3x^2-1)/2$ がルジャンドルの方程式の解となる．1回微分すれば $3x$，2回微分すれば3だから，(4・31)式の左辺は，

$$左辺 = (1-x^2)\times 3 - 2x\times 3x + 2\times(2+1)\times\frac{1}{2}\times(3x^2-1) = 0 \quad (4\cdot34)$$

となる．同様にして l が3以上の整数の場合も解を求めることができる．結果を表4・1にまとめる．関数の形は l に依存するので，$P(x)$ の右下に l の値を添

表 4・1 ルジャンドル多項式

$l=0$	$P_0(x) = 1$
$l=1$	$P_1(x) = x$
$l=2$	$P_2(x) = \dfrac{1}{2}(3x^2-1)$
$l=3$	$P_3(x) = \dfrac{1}{2}(5x^3-3x)$

えた．$P_l(x)$ をルジャンドル多項式という（$l=4$ 以上の具体的な関数については数学の専門書を参照）．

4・4　ルジャンドル陪多項式と球面調和関数

どうして角度 θ に関する波動方程式(4・21)がルジャンドルの方程式(4・31)に関係しているかを説明しよう．まず，変数 $\cos\theta$ を x とおく（x は直交座標系の x ではなく，単なる変数）．

$$\cos\theta = x \tag{4・35}$$

そして，(4・35)式の両辺を x で微分すると，

$$-\sin\theta \frac{d\theta}{dx} = 1 \tag{4・36}$$

が得られるから，

$$\frac{dx}{d\theta} = -\sin\theta \tag{4・37}$$

となる．一方，微分演算子 $d/d\theta$ を d/dx に変換するためには，直交座標系から極座標系に変換したときと同じように（§4・1 参照），次の関係式を使う．

$$\frac{d}{d\theta} = \frac{d}{dx}\frac{dx}{d\theta} \tag{4・38}$$

右辺の前の分数の分母の dx と後ろの分数の分子の dx が相殺されて，左辺と同じになると考えればよい．(4・37)式を(4・38)式に代入すると，

$$\frac{d}{d\theta} = -\sin\theta \frac{d}{dx} \tag{4・39}$$

が得られる．(4・39)式と三角関数の基本的な関係式 $\sin^2\theta = 1-\cos^2\theta = 1-x^2$ を使うと，θ に関する波動方程式(4・21)を x で表すことができる．

$$\begin{aligned}
\text{左辺} &= \left[-\sin^2\theta\frac{d}{dx}\left(-\sin^2\theta\frac{d}{dx}\right) + c\frac{\sin^2\theta}{\hbar^2}\right]\Theta(x) \\
&= \left[-(1-x^2)\frac{d}{dx}\left\{-(1-x^2)\frac{d}{dx}\right\} + c\frac{(1-x^2)}{\hbar^2}\right]\Theta(x) \\
&= \left[-(1-x^2)\left\{2x\frac{d}{dx} - (1-x^2)\frac{d^2}{dx^2}\right\} + c\frac{(1-x^2)}{\hbar^2}\right]\Theta(x) \\
&= (1-x^2)\left[(1-x^2)\frac{d^2}{dx^2} - 2x\frac{d}{dx} + \frac{c}{\hbar^2}\right]\Theta(x) \tag{4・40}
\end{aligned}$$

ここで,
$$c = \hbar^2 l(l+1) \tag{4・41}$$
とおけば,波動方程式(4・21)は次のようになる.
$$(1-x^2)\left[(1-x^2)\frac{d^2}{dx^2} - 2x\frac{d}{dx} + l(l+1)\right]\Theta(x) = m^2\Theta(x) \tag{4・42}$$
さらに,両辺を$(1-x^2)$で割り算してから右辺を左辺にもってくると,
$$\left[(1-x^2)\frac{d^2}{dx^2} - 2x\frac{d}{dx} + l(l+1) - \frac{m^2}{(1-x^2)}\right]\Theta(x) = 0 \tag{4・43}$$
となる.

$m=0$ の場合には,方程式(4・43)はルジャンドルの方程式(4・31)と全く同じだから,その解は表4・1のルジャンドル多項式である.しかし,(4・28)式で説明したように,m の値は0とは限らない.$m \neq 0$ の整数の場合にはどうなるかというと,詳しいことは省略するが,$|m| \leq l$ の条件を満たす場合には方程式を解くことができることがわかっている.どうして,m に絶対値をつけたかというと,方程式(4・43)のなかに現われる m は2乗の形であり,$-m$ でも $+m$ でも同じ方程式になるからである.いずれにしても,求められる方程式の解の関数は l だけではなく m にも依存する.この解の関数のことをルジャンドル陪多項式という.表4・2では $m=0$ の場合(表4・1)だけではなく,$m \neq 0$ の整数の場合の関数も追加した.$P(x)$ の右下に l の値を,右上に $|m|$ の値を添えた.多項式がさらに多項式で展開されるので陪多項式という.なお,表4・2では,$x = \cos\theta$ や $1-x^2 = \sin^2\theta$ などの関係を使って,極座標に戻したルジャンドル陪多項式も右欄に示した.

$\Theta(\theta)$ の一般式(係数の正負の符号は省略)は,
$$\Theta_l^{|m|}(\theta) = \left\{\frac{(2l+1)(l-|m|)!}{2(l+|m|)!}\right\}^{\frac{1}{2}} P_l^{|m|}(\cos\theta) \tag{4・44}$$
と表される.規格化定数に現われる!は階乗である($n! = 1\times2\times3\times\cdots\times n$,ただし,$0! = 1$).規格化定数は複雑そうにみえるが,$l$ と m が小さい整数の場合には簡単に計算できる.結局,角度 θ と ϕ の両方に関する固有関数 $Y(\theta, \phi)$ は $\Theta_l^{|m|}(\theta)$ と $\Phi_m(\phi)$ の積だから,(4・30)式を(4・44)式に掛け算して,
$$Y_{l,m}(\theta, \phi) = \left\{\frac{(2l+1)(l-|m|)!}{2(l+|m|)!}\right\}^{\frac{1}{2}} P_l^{|m|}(\cos\theta) \left(\frac{1}{2\pi}\right)^{\frac{1}{2}} \exp(im\phi)$$
$$\tag{4・45}$$

表 4・2 ルジャンドル陪多項式

		$x(=\cos\theta)$での表現	極座標系での表現
$l=0$	$m=0$	$P_0^0(x)=1$	1
$l=1$	$m=0$	$P_1^0(x)=x$	$\cos\theta$
	$m=\pm 1$	$P_1^1(x)=(1-x^2)^{\frac{1}{2}}$	$\sin\theta$
$l=2$	$m=0$	$P_2^0(x)=\dfrac{1}{2}(3x^2-1)$	$\dfrac{1}{2}(3\cos^2\theta-1)$
	$m=\pm 1$	$P_2^1(x)=3x(1-x^2)^{\frac{1}{2}}$	$3\cos\theta\sin\theta$
	$m=\pm 2$	$P_2^2(x)=3(1-x^2)$	$3\sin^2\theta$
$l=3$	$m=0$	$P_3^0(x)=\dfrac{1}{2}(5x^3-3x)$	$\dfrac{1}{2}(5\cos^3\theta-3\cos\theta)$
	$m=\pm 1$	$P_3^1(x)=\dfrac{3}{2}(5x^2-1)(1-x^2)^{\frac{1}{2}}$	$\dfrac{3}{2}(5\cos^2\theta-1)\sin\theta$
	$m=\pm 2$	$P_3^2(x)=15x(1-x^2)$	$15\cos\theta\sin^2\theta$
	$m=\pm 3$	$P_3^3(x)=15(1-x^2)^{\frac{3}{2}}$	$15\sin^3\theta$

となる.(4・45)式は球面調和関数とよばれる.また,(4・41)式の$c=\hbar^2 l(l+1)$を波動方程式(4・18)に代入すると,

$$\left[-\hbar^2\left\{\frac{1}{\sin^2\theta}\frac{\partial^2}{\partial\phi^2}+\frac{1}{\sin\theta}\frac{\partial}{\partial\theta}\left(\sin\theta\frac{\partial}{\partial\theta}\right)\right\}\right]Y_{l,m}(\theta,\phi)=\hbar^2 l(l+1)Y_{l,m}(\theta,\phi) \quad (4\cdot 46)$$

となる.したがって,角度θとϕの両方に関する固有値は$\hbar^2 l(l+1)$である.

4・5 ラゲール陪多項式

変数rに関する波動方程式(4・17)は,(4・41)式の$c=\hbar^2 l(l+1)$を代入して,

$$\left[\hbar^2\frac{\mathrm{d}}{\mathrm{d}r}\left(r^2\frac{\mathrm{d}}{\mathrm{d}r}\right)+2m_\mathrm{e}r^2\left(E+\frac{e^2}{4\pi\varepsilon_0 r}\right)\right]R(r)=\hbar^2 l(l+1)R(r) \quad (4\cdot 47)$$

となる.残念ながら,この方程式を解くことは容易ではない.ただし,

$$E=-\frac{m_\mathrm{e}e^4}{8\varepsilon_0^2 h^2}\frac{1}{n^2} \quad (4\cdot 48)$$

の条件を満たす場合には方程式を解くことができる.ここで,nは$1,2,3,\cdots$と

なる正の整数で，主量子数とよばれる量子数である．(4・48)式は(2・14)式のボーア半径 a_0 を使えば，次のようになる*．

$$E = -\frac{e^2}{8\pi\varepsilon_0 a_0}\frac{1}{n^2} \qquad (4\cdot49)$$

一方，固有関数 $R(r)$ は次のようになる．

$$R_{n,l}(r) = -\left[\frac{(n-l-1)!}{2n\{(n+l)!\}^3}\right]^{\frac{1}{2}}\left(\frac{2}{na_0}\right)^{l+\frac{3}{2}} r^l \exp\left(-\frac{r}{na_0}\right) L_{n+l}^{2l+1}\left(\frac{2r}{na_0}\right) \qquad (4\cdot50)$$

ここで，$L_{n+l}^{2l+1}(x)$ は表4・3に示したラゲール陪多項式（変数 $x = 2r/na_0$）である．ラゲール陪多項式は n だけではなく l にも依存し，$l = 0, 1, 2, \cdots, n-1$ という条件がつく（詳しくは数学の専門書を参照）．たとえば，$n = 1$ の場合には $l = 0$ であり，$n = 2$ の場合には $l = 0$ または 1 であり，$n = 3$ の場合には $l = 0, 1$ または 2 である．

一般式で書くと，(4・50)式で示した固有関数 $R_{n,l}(r)$ はかなり複雑であるが，n と l を指定すると，それほど複雑ではない．たとえば，$n = 1$, $l = 0$ の場合を考えてみよう．$L_{n+l}^{2l+1}(x) = L_1^1(x) = -1$ だから（表4・3参照），

$$R_{1,0}(r) = \left(\frac{1}{2}\right)^{\frac{1}{2}}\left(\frac{2}{a_0}\right)^{\frac{3}{2}} \exp\left(-\frac{r}{a_0}\right) \qquad (4\cdot51)$$

となる．また，$n = 2$, $l = 0$ の場合には，$x = 2r/na_0 = 2r/2a_0 = r/a_0$ を代入して，$L_2^1(x) = -2(2-r/a_0)$ となる．したがって，(4・50)式は，

表4・3　ラゲール陪多項式

$n = 1$	$l = 0$	$L_1^1(x) = -1$
$n = 2$	$l = 0$	$L_2^1(x) = -2! \times (2-x)$
	$l = 1$	$L_3^3(x) = -3!$
$n = 3$	$l = 0$	$L_3^1(x) = -3! \times \left(3 - 3x + \dfrac{x^2}{2}\right)$
	$l = 1$	$L_4^3(x) = -4! \times (4-x)$
	$l = 2$	$L_5^5(x) = -5!$

---

* 驚いたことに，電子が原子核のまわりを平面内で円運動すると仮定したボーアの原子模型で得られたエネルギーに関する(2・15)式は，量子論で求めた(4・49)式と完全に一致する．

$$R_{2,0}(r) = \left(\frac{1}{2\times 2\times 2^3}\right)^{\frac{1}{2}} \left(\frac{1}{a_0}\right)^{\frac{3}{2}} \exp\left(-\frac{r}{2a_0}\right) \times 2 \times \left(2-\frac{r}{a_0}\right)$$
$$= \left(\frac{1}{8}\right)^{\frac{1}{2}} \left(\frac{1}{a_0}\right)^{\frac{3}{2}} \exp\left(-\frac{r}{2a_0}\right) \times \left(2-\frac{r}{a_0}\right) \tag{4・52}$$

となる. 結局, 角度に関する(4・45)式の球面調和関数に(4・50)式を掛け算すれば, 水素原子の波動関数が求められる.

$$\psi_{n,l,m}(r,\theta,\phi) = R_{n,l}(r)\,Y_{l,m}(\theta,\phi) \tag{4・53}$$

章末問題

4・1 関数として $f(x,y,z) = xy^2z^3$ を考える. この関数に ∇ を演算したときの関数を求めよ.

4・2 関数として $f(x,y,z) = xy^2z^3$ を考える. この関数に ∇^2 を演算したときの関数を求めよ.

4・3 直交座標系で $(1,1,0)$ の点は極座標系でどのように表されるか.

4・4 極座標系で $(1,0,0)$ の点は直交座標系でどのように表されるか.

4・5 ∂y をそれぞれの微小部分 ∂r, $\partial \theta$, $\partial \phi$ で表せ.

4・6 演算子 $\hat{A}$ が d/dx であり, 演算子 $\hat{B}$ が d/dt とする. また, 関数 $f(x,t)$ を $\exp(px+qt)$ とするとき, $\hat{A}f(x,t) = \hat{B}f(x,t)$ ならば, $p=q$ でなければならないことを示せ.

4・7 $l=3$ の場合, ルジャンドル多項式 $(5x^3-3x)/2$ がルジャンドルの方程式 (4・31)の解であることを示せ.

4・8 $l=1$, $m=1$ の場合, ルジャンドル陪多項式 $(1-x^2)^{1/2}$ が方程式(4・43)の解であることを示せ.

4・9 $l=1$, $m=1$ の場合, $P_1^1(\cos\theta) = \sin\theta$ となる. これが(4・21)式の解であることを示せ. ただし, 係数は考えなくてよい.

4・10 (4・45)式で, $l=1$, $m=1$ の場合の球面調和関数を求めよ.

5
水素原子の波動関数

> ここでは，水素原子の波動関数がそれぞれどのような関数になっているかを具体的に調べる．前章で説明したように，波動方程式を解いて求めた波動関数は複素関数である．複素関数のままでは物理的意味がわからないので，実関数に直交変換する．波動関数（振幅）の2乗は電子の存在確率を表す．

5・1 波動関数にはニックネームがある

前章で説明したように，水素原子の波動関数はラゲール陪多項式やルジャンドル陪多項式などを使って，一般に次のように書ける．

$$\psi_{n,l,m}(r,\theta,\phi) = -\left[\frac{(n-l-1)!}{2n\{(n+l)!\}^3}\right]^{\frac{1}{2}} \left(\frac{2}{na_0}\right)^{l+\frac{3}{2}} r^l \exp\left(-\frac{r}{na_0}\right) L_{n+l}^{2l+1}\left(\frac{2r}{na_0}\right)$$
$$\times \left\{\frac{(2l+1)(l-|m|)!}{2(l+|m|)!}\right\}^{\frac{1}{2}} P_l^{|m|}(\cos\theta) \left(\frac{1}{2\pi}\right)^{\frac{1}{2}} \exp(im\phi) \quad (5\cdot1)$$

ただし，n, l, m は整数であり，陪多項式の性質として次の条件がある．

$$n = 1, 2, 3, \cdots \quad (5\cdot2)$$
$$l = 0, 1, 2, \cdots, n-1 \quad (5\cdot3)$$
$$m = 0, \pm1, \pm2, \cdots, \pm l \quad (5\cdot4)$$

n は主量子数とよばれる．主要な量子数という意味である．なぜかというと，それぞれの固有関数（波動関数）に対する固有値（エネルギー固有値）は，前章の(4・49)式で示したように量子数 n のみに依存するからである．

$$E = -\frac{e^2}{8\pi\varepsilon_0 a_0} \frac{1}{n^2} \quad (5\cdot5)$$

一方，l は方位量子数（§5・5参照），m は磁気量子数（§6・5参照）とよばれる．

(5・1)式はとても複雑そうにみえるが，波動関数を一つの式で一般的に表しているからである．n, l, m を指定すれば，規格化定数は簡単に計算できるし，ラゲール陪多項式もルジャンドル陪多項式も簡単な関数であるから心配はな

5・1 波動関数にはニックネームがある

い．n が 1, 2, 3 の場合の波動関数を具体的に表 5・1 に示した．なお，ルジャンドル陪多項式は極座標系で表現した（表 4・2 参照）．

波動関数にはニックネームがつけられている．$l=0$ の場合には s 軌道とよぶ．s 軌道の関与する水素原子からの発光（§2・1 参照）がプリズムで分けたときに鋭い（sharp）ので s 軌道という．軌道というと間違ったイメージをもたれてしまうのであまり使いたくない言葉であるが，現在の日本では"軌道"という言葉が定着しているので，この本でも同じように使うことにする（何が問題なのかについては §5・3 で説明する）．

$l=1$ の場合には p 軌道とよぶ．この波動関数の関与する発光がおもな（principal）ものなので p 軌道という．$l=2$ の場合の名前は d 軌道である．この波動関数の関与する発光がプリズムで分けたときにぼやけて（diffusive）いるので d 軌道という．$l=3$ 以上の場合には，f 軌道，g 軌道，h 軌道とよぶ．

表 5・1 水素原子の波動関数

$n=1$	$l=0$	$m=0$	$\psi_{1,0,0} = \left(\dfrac{1}{\pi}\right)^{\frac{1}{2}} \left(\dfrac{1}{a_0}\right)^{\frac{3}{2}} \exp\left(-\dfrac{r}{a_0}\right)$
$n=2$	$l=0$	$m=0$	$\psi_{2,0,0} = \left(\dfrac{1}{32\pi}\right)^{\frac{1}{2}} \left(\dfrac{1}{a_0}\right)^{\frac{3}{2}} \left(2-\dfrac{r}{a_0}\right) \exp\left(-\dfrac{r}{2a_0}\right)$
	$l=1$	$m=0$	$\psi_{2,1,0} = \left(\dfrac{1}{32\pi}\right)^{\frac{1}{2}} \left(\dfrac{1}{a_0}\right)^{\frac{3}{2}} \left(\dfrac{r}{a_0}\right) \exp\left(-\dfrac{r}{2a_0}\right)\cos\theta$
		$m=\pm1$	$\psi_{2,1,\pm1} = \left(\dfrac{1}{64\pi}\right)^{\frac{1}{2}} \left(\dfrac{1}{a_0}\right)^{\frac{3}{2}} \left(\dfrac{r}{a_0}\right) \exp\left(-\dfrac{r}{2a_0}\right)\sin\theta\,\exp(\pm i\phi)$
$n=3$	$l=0$	$m=0$	$\psi_{3,0,0} = \dfrac{1}{81}\left(\dfrac{1}{3\pi}\right)^{\frac{1}{2}} \left(\dfrac{1}{a_0}\right)^{\frac{3}{2}} \left(27-\dfrac{18r}{a_0}+\dfrac{2r^2}{a_0^2}\right) \exp\left(-\dfrac{r}{3a_0}\right)$
	$l=1$	$m=0$	$\psi_{3,1,0} = \dfrac{1}{81}\left(\dfrac{2}{\pi}\right)^{\frac{1}{2}} \left(\dfrac{1}{a_0}\right)^{\frac{3}{2}} \left(\dfrac{6r}{a_0}-\dfrac{r^2}{a_0^2}\right) \exp\left(-\dfrac{r}{3a_0}\right)\cos\theta$
		$m=\pm1$	$\psi_{3,1,\pm1} = \dfrac{1}{81}\left(\dfrac{1}{\pi}\right)^{\frac{1}{2}} \left(\dfrac{1}{a_0}\right)^{\frac{3}{2}} \left(\dfrac{6r}{a_0}-\dfrac{r^2}{a_0^2}\right) \exp\left(-\dfrac{r}{3a_0}\right)\sin\theta\,\exp(\pm i\phi)$
	$l=2$	$m=0$	$\psi_{3,2,0} = \dfrac{1}{81}\left(\dfrac{1}{6\pi}\right)^{\frac{1}{2}} \left(\dfrac{1}{a_0}\right)^{\frac{3}{2}} \left(\dfrac{r^2}{a_0^2}\right) \exp\left(-\dfrac{r}{3a_0}\right)(3\cos^2\theta-1)$
		$m=\pm1$	$\psi_{3,2,\pm1} = \dfrac{1}{81}\left(\dfrac{1}{\pi}\right)^{\frac{1}{2}} \left(\dfrac{1}{a_0}\right)^{\frac{3}{2}} \left(\dfrac{r^2}{a_0^2}\right) \exp\left(-\dfrac{r}{3a_0}\right)\sin\theta\cos\theta\,\exp(\pm i\phi)$
		$m=\pm2$	$\psi_{3,2,\pm2} = \dfrac{1}{162}\left(\dfrac{1}{\pi}\right)^{\frac{1}{2}} \left(\dfrac{1}{a_0}\right)^{\frac{3}{2}} \left(\dfrac{r^2}{a_0^2}\right) \exp\left(-\dfrac{r}{3a_0}\right)\sin^2\theta\,\exp(\pm 2i\phi)$

5・2 1s軌道の波動関数を描く

1s軌道（ニックネームの前に主量子数 n をつける）の波動関数は，

$$\psi_{1,0,0} = \left(\frac{1}{\pi}\right)^{\frac{1}{2}} \left(\frac{1}{a_0}\right)^{\frac{3}{2}} \exp\left(-\frac{r}{a_0}\right) \tag{5・6}$$

である（表5・1）．どのような関数であるか，その様子を目でみてわかるようにグラフで描いてみよう．しかし，ここで困った問題にぶつかる．ある位置 (x, y, z)，あるいは，(r, θ, ϕ) における波動関数 ψ の値を描こうとすると，4次元の空間（四つの座標軸）が必要である．3次元の空間で生きているわれわれには想像できない．仕方がないので，ある同じ値になる波動関数の位置のすべてをつなぎあわせて図形を描くことにする．そうすると，(5・6)式からわかるように，中心から同じ距離 r にある位置での波動関数の値は同じだから，図形は球面になる（図5・1）．たとえば，中心からの距離 r がボーア半径 a_0 の球面上では，どの方向でも波動関数の値はすべて同じ $(1/\pi)^{1/2}(1/a_0)^{3/2}(1/e)$ になる（e は自然対数の底，2.7182…）．また，中心からの距離が $2a_0$ の球面上では $(1/\pi)^{1/2}(1/a_0)^{3/2}(1/e)^2$ になり，$3a_0$ の球面上では $(1/\pi)^{1/2}(1/a_0)^{3/2}(1/e)^3$ になり，中心から離れるに従って波動関数の値は小さくなる．

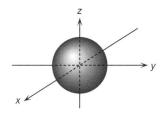

図 5・1　波動関数 $\psi_{1,0,0}$ の値が同じ位置をつないだ3次元の図形（球面）

もう少しわかりやすくするために，2次元の空間（たとえば xy 平面）で波動関数の値が同じ位置をつないで図形にすると，図5・2(a)のようになる．球面の断面は円であり，内側から順番に，波動関数の値が中心（$r = 0$）での値 $(1/\pi)^{1/2}(1/a_0)^{3/2}$ の 4/5, 3/5, 2/5, 1/5 になる位置をつないで円を描いた．図5・2(a)は地図で描かれる富士山のようなものである〔図5・2(b)〕．富士山の場合には波動関数の値の代わりに標高が描かれている．標高は富士山の中心からまわりに向かって"連続的に"低くなるが，すべての値を描くとわかりにくいので，代表的な標高（たとえば，500 m の間隔）だけを描く（等高線図）．

波動関数の場合も中心からまわりに向かって値が"連続的に"小さくなるが，代表的な値だけを描いている．

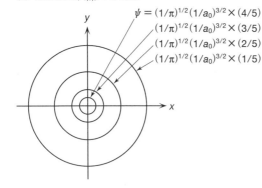
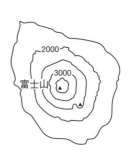

図 5・2 波動関数 $\psi_{1,0,0}$ の 2 次元の図形と富士山の等高線図の類似

今度は 1 次元の空間（たとえば x 軸）で，1s 軌道の波動関数の値がどのように変化するかを調べてみよう．x 軸上では $y=0$，$z=0$ だから $r^2=x^2$ となる．ただし，r は中心からの距離を表していて常に正の値だから，$r=|x|$ となる．つまり，(5・6)式の波動関数は次のようになる．

$$\psi_{1,0,0} = \left(\frac{1}{\pi}\right)^{\frac{1}{2}} \left(\frac{1}{a_0}\right)^{\frac{3}{2}} \exp\left(-\frac{|x|}{a_0}\right) \tag{5・7}$$

横軸に x（目盛の間隔は a_0）をとり，縦軸に $\psi_{1,0,0}$ の値をとると図 5・3(a)のようになる．ちょうど，富士山を横からみたようなものである〔図 5・3(b)〕．

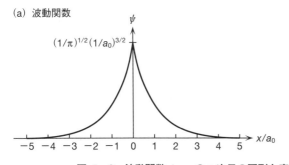
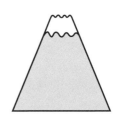

図 5・3 波動関数 $\psi_{1,0,0}$ の 1 次元の図形と富士山の類似

5・3 波動関数の物理的な意味

波動関数はどのような物理的な意味をもっているのだろうか．それを理解するためには3章に戻る必要がある．そもそも電子に波の性質があると考えたのは，図3・3に示したように，電子を微結晶に当てたときの回折パターンがX線を当てたときのパターンと似ていたからである．写真フィルム上で黒くなった位置では粒子である電子が多く，逆に，濃さが薄い位置では電子が少ない．一方，X線回折では，波であるX線の振幅が大きいところほど強くて黒く，振幅が小さければ弱くて濃さが薄くなる．波動方程式を解いて求めた波動関数は振幅を表すから，波動関数の値が大きければ電子が多く存在し，値が小さければ電子が少ない．つまり，波動関数は電子の存在確率を表すと考えればよい．

波動関数が存在確率を表すならば，常に正の値になる必要がある．負の存在確率などはありえない．図5・3で示したように，$\psi_{1,0,0}$ はどこでも正の値なので問題はない．しかし，負の値になる波動関数もある．たとえば，2s軌道の波動関数 $\psi_{2,0,0}$ は，横軸に x をとると図5・4(a)のようになる．$-2a_0 < x < 2a_0$ の範囲では正の値（実線），$x < -2a_0$ または $x > 2a_0$ の範囲では負の値（破線）になる．そこで，波動関数を2乗して正の値にする〔図5・4(b)〕，量子論では波動関数の2乗 $|\psi|^2$ が電子の存在確率を表すと考える．なお，図5・4(b)をみればわかるように，原子核の位置（$x=0$）で電子の存在確率が最も大きい．そして，存在確率は原子核から離れると連続的に小さくなる．つまり，電子のエネルギーは"とびとび"であるが，電子の存在確率は"連続的に"変化する*．

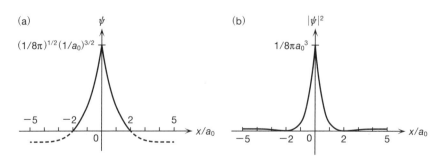

図 5・4　波動関数 $\psi_{2,0,0}$ の1次元の図形と $|\psi_{2,0,0}|^2$ の値

---

* 2章で説明したボーアの原子模型では，電子は(2・13)式で示されるように $a_0, 4a_0, 9a_0, \cdots$ の半径の円周上でしか存在できない．まるで，円形の軌道の上を走るかのようである．ボーアは電子のエネルギーを正しく導いたが，電子の存在する位置を表す"軌道"は量子論では誤りである．

2s軌道の場合には,厳密にいえば,$x = \pm 2a_0$ のところでは波動関数の値は 0 となる(図 5・4).つまり,電子は存在しない.このような位置を日本語で"節",英語では"node"という.詳しい説明は省略するが,節の数は主量子数で決まっていて,節が多くなればなるほどエネルギーは高くなる.

5・4 動径分布関数

1s 軌道も 2s 軌道も r のみの関数であり,角度 θ や ϕ には依存しない.つまり,波動関数の値は方向によらず球対称である.そこで,空間的な位置 (r, θ, ϕ) での電子の存在確率ではなく,中心からの距離 r での存在確率を考えることにする.そして,中心からの距離 r における電子の存在確率は同じだからすべて足し算する.数学的にいえば,これは中心からの距離 r での存在確率に半径 r の球の表面積 $4\pi r^2$ を掛け算することに相当する.このようにして得られた r のみを変数とする波動関数を動径分布関数という.1s 軌道の動径分布関数 $D(r)$ は,

$$D(r) = 4\pi r^2 \left\{ \left(\frac{1}{\pi}\right)^{\frac{1}{2}} \left(\frac{1}{a_0}\right)^{\frac{3}{2}} \exp\left(-\frac{r}{a_0}\right) \right\}^2 = \frac{4r^2}{a_0^3} \exp\left(-\frac{2r}{a_0}\right) \quad (5 \cdot 8)$$

となる.また,2s 軌道の動径分布関数 $D(r)$ は,

$$\begin{aligned} D(r) &= 4\pi r^2 \left\{ \left(\frac{1}{32\pi}\right)^{\frac{1}{2}} \left(\frac{1}{a_0}\right)^{\frac{3}{2}} \left(2 - \frac{r}{a_0}\right) \exp\left(-\frac{r}{2a_0}\right) \right\}^2 \\ &= \frac{r^2}{8a_0^3} \left(2 - \frac{r}{a_0}\right)^2 \exp\left(-\frac{r}{a_0}\right) \end{aligned} \quad (5 \cdot 9)$$

となる.横軸に r をとり,それぞれの動径分布関数をグラフで描くと,図 5・5

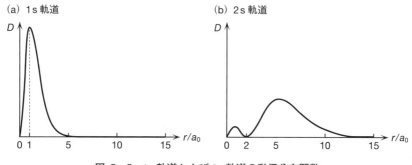

図 5・5 1s 軌道および 2s 軌道の動径分布関数

のようになる．横軸がxではなくrなので，$r \geq 0$の範囲のみが示してある．

図5・3に示したように，1s軌道の波動関数は原子核の位置で電子の存在確率が最も大きい．一方，動径分布関数では原子核の位置で電子の存在確率は0である〔図5・5(a)〕．どうして，このような異なる関数になったかというと，動径分布関数では球の表面積を掛け算して，中心から同じ距離にある電子の存在確率の総和をとっているからである．中心（$r = 0$）では球の表面積は0だから，動径分布関数の値は中心で0になる．

ある方向の電子の存在確率は中心から離れるにつれて（x，つまり，rが大きくなるにつれて），指数関数的に小さくなる〔図5・3(a)〕．一方，球の表面積は中心から離れるにつれて，r^2に比例して大きくなる．両者は逆の傾向を示すために，1s軌道の動径分布関数は極大値をもつ〔図5・5(a)〕．中心からどのくらい離れたところで極大になるかというと，$r = a_0$のところである．この値は動径分布関数をrで微分して0とおいて，方程式を解けば求められる（章末問題5・7）．同様にして，2s軌道の極大値を求めることもできる．半径が約$0.76a_0$と約$5.24a_0$の球面上で電子の存在確率が極大となる．図5・5(b)からわかるように，2s軌道では，$2a_0$よりも内側に電子が存在する確率が相対的に小さく，$2a_0$よりも外側に存在する確率が相対的に大きくなる．主量子数nが大きくなるにつれて，電子は中心，つまり，原子核から離れて存在する．

5・5 複素関数を実関数にする

これまではs軌道について調べてきた．s軌道は量子数lが0の軌道である．量子数lが0の場合には量子数mは0だけが許される．表5・1をみるとわかるように，nがいくつであっても$l = 0$ならば実関数である．つまり，虚数iを含んでいない．また，lが0でなくてもmが0ならば実関数である．z軸まわりの角度ϕに関する波動関数が$\exp(im\phi)$で与えられていて，$m = 0$の場合には実数〔$\exp(0) = 1$〕になるからである．確かに$\psi_{2,1,0}$は実関数である．

$$\psi_{2,1,0} = \left(\frac{1}{32\pi}\right)^{\frac{1}{2}} \left(\frac{1}{a_0}\right)^{\frac{3}{2}} \left(\frac{r}{a_0}\right) \exp\left(-\frac{r}{2a_0}\right) \cos\theta \quad (5 \cdot 10)$$

$\psi_{2,1,0}$には$r\cos\theta$が含まれているので，これをzに換えると（図4・1参照），

$$\psi_{2p_z} = \left(\frac{1}{32\pi}\right)^{\frac{1}{2}} \left(\frac{1}{a_0}\right)^{\frac{5}{2}} \exp\left(-\frac{r}{2a_0}\right) z \quad (5 \cdot 11)$$

5・5 複素関数を実関数にする

となる．変数としてzが含まれるので$2p_z$軌道という．zの値が正ならば波動関数の値も正となり，zの値が負ならば波動関数の値も負となる．波動関数の値は連続的に変わるが，同じ値になる位置をつなげて図形をつくり，xz平面（$y=0$）での断面図を描くと図5・6(a)のようになる（z軸を横にした）．

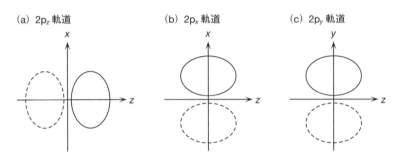

図5・6 波動関数ψ_{2p}の値が同じ位置をつないだ図形の断面
（破線は絶対値が同じで符号が逆の位置）

zが正の領域の図形（実線）は負の領域の図形と同じであるが，値の符号は逆である（破線）．$z=0$では波動関数の値は0となるので，xy平面が節面となる．つまり，xy平面では電子は存在しない．正の領域に存在した電子が負の領域に移動するためには節面を通過しなければならない．これは節での電子の存在確率が0であることと矛盾すると思うかもしれないが，そうではない．古典力学では粒子は連続的に空間を移動するが，量子論では粒子の軌跡（時間に対する位置の変化）を連続的に追いかけることができない．波動関数が教えてくれるのは，あくまでも存在確率であって粒子の動きではない．

一方，$m \neq 0$の整数の場合には，角度ϕに関する波動関数は実関数にならない．たとえば，2p軌道の場合には，$m=+1$と$m=-1$の波動関数は，

$$\psi_{2,1,1} = \left(\frac{1}{64\pi}\right)^{\frac{1}{2}} \left(\frac{1}{a_0}\right)^{\frac{3}{2}} \left(\frac{r}{a_0}\right) \exp\left(-\frac{r}{2a_0}\right) \sin\theta \exp(+i\phi) \quad (5 \cdot 12)$$

$$\psi_{2,1,-1} = \left(\frac{1}{64\pi}\right)^{\frac{1}{2}} \left(\frac{1}{a_0}\right)^{\frac{3}{2}} \left(\frac{r}{a_0}\right) \exp\left(-\frac{r}{2a_0}\right) \sin\theta \exp(-i\phi) \quad (5 \cdot 13)$$

となり，どちらも複素関数である（表5・1）．このままでは図形を描けないので実関数に変換する．どのようにするかというと，まずはオイラーの公式を使う．そうすると，(5・12)式と(5・13)式は次のように書ける．

$$\psi_{2,1,1} = \left(\frac{1}{64\pi}\right)^{\frac{1}{2}} \left(\frac{1}{a_0}\right)^{\frac{3}{2}} \left(\frac{r}{a_0}\right) \exp\left(-\frac{r}{2a_0}\right) \sin\theta (\cos\phi + i\sin\phi) \quad (5\cdot 14)$$

$$\psi_{2,1,-1} = \left(\frac{1}{64\pi}\right)^{\frac{1}{2}} \left(\frac{1}{a_0}\right)^{\frac{3}{2}} \left(\frac{r}{a_0}\right) \exp\left(-\frac{r}{2a_0}\right) \sin\theta (\cos\phi - i\sin\phi) \quad (5\cdot 15)$$

(5・14)式と(5・15)式を足し算して,さらに,規格化定数を決め直せば,

$$\frac{1}{\sqrt{2}}(\psi_{2,1,1}+\psi_{2,1,-1}) = \left(\frac{1}{32\pi}\right)^{\frac{1}{2}} \left(\frac{1}{a_0}\right)^{\frac{5}{2}} \exp\left(-\frac{r}{2a_0}\right) r\sin\theta\cos\phi \quad (5\cdot 16)$$

となる. (5・14)式と(5・15)式の両方とも波動方程式の解だから, それらを足し算したり引き算したりしても, やはり方程式の解になる*.

(5・16)式のなかに現われる $r\sin\theta\cos\phi$ は直交座標系の x のことだから(図4・1参照), これを $2p_x$ 軌道という.

$$\psi_{2p_x} = \left(\frac{1}{32\pi}\right)^{\frac{1}{2}} \left(\frac{1}{a_0}\right)^{\frac{5}{2}} \exp\left(-\frac{r}{2a_0}\right) x \quad (5\cdot 17)$$

これは実関数なので描くことができる. しかも, (5・11)式と比べると, 単に z が x に変わっただけなので, 図形は同じで方向だけが異なる[図5・6(b)]. つまり, 電子の存在確率が x 軸方向に広がった波動関数である.

今度は(5・14)式と(5・15)式を引き算して, 規格化定数を決め直せば,

$$\frac{1}{\sqrt{2}}(\psi_{2,1,1}-\psi_{2,1,-1}) = \left(\frac{1}{32\pi}\right)^{\frac{1}{2}} \left(\frac{1}{a_0}\right)^{\frac{5}{2}} \exp\left(-\frac{r}{2a_0}\right) r\sin\theta\sin\phi \quad (5\cdot 18)$$

となる. $r\sin\theta\sin\phi$ は y のことだから, これを $2p_y$ 軌道という.

$$\psi_{2p_y} = \left(\frac{1}{32\pi}\right)^{\frac{1}{2}} \left(\frac{1}{a_0}\right)^{\frac{5}{2}} \exp\left(-\frac{r}{2a_0}\right) y \quad (5\cdot 19)$$

$2p_y$ 軌道は $2p_x$ 軌道と $2p_z$ 軌道と方向が異なるだけで図形は同じである[図5・6(c)]. $\psi_{2,1,1}$ と $\psi_{2,1,-1}$ から ψ_{2p_x} と ψ_{2p_y} への変換を行列で表すと,

$$\begin{pmatrix} \psi_{2p_x} \\ \psi_{2p_y} \end{pmatrix} = \begin{pmatrix} \frac{1}{\sqrt{2}} & \frac{1}{\sqrt{2}} \\ \frac{1}{\sqrt{2}} & -\frac{1}{\sqrt{2}} \end{pmatrix} \begin{pmatrix} \psi_{2,1,1} \\ \psi_{2,1,-1} \end{pmatrix} \quad (5\cdot 20)$$

となる. 変換行列は直交行列であり, 直交変換という(詳しくは§16・5で説

---

* 関数 $f(x)$ と $g(x)$ がともに演算子 $\hat{A}$ の固有関数であり, 縮重していて共通の固有値が a であれば, $\hat{A}f(x)=af(x)$ および $\hat{A}g(x)=ag(x)$ である. 新しい関数 $h(x)=\{f(x)\pm g(x)\}/\sqrt{2}$ を考えると, $\hat{A}h(x)=\hat{A}\{f(x)\pm g(x)\}/\sqrt{2}=\{af(x)\pm ag(x)\}/\sqrt{2}=a\{f(x)\pm g(x)\}/\sqrt{2}=ah(x)$ となって, やはり $h(x)$ も $\hat{A}$ の固有関数である.

明する). $l=0$ の s 軌道は方向に依存せずに球対称であるが，$l=1$ の p 軌道は軸対称である. l の違いによって方向性が現われるので，量子数 l のことを方位量子数とよぶ.

章末問題

5・1 (5・1)式で，波動関数 $\psi_{1,0,0}$ が $(1/\pi)^{1/2}(1/a_0)^{3/2}\exp(-r/a_0)$ になることを確認せよ.

5・2 (5・1)式で，波動関数 $\psi_{2,0,0}$ の係数が $(1/32\pi)^{1/2}(1/a_0)^{3/2}$ になることを確認せよ.

5・3 3p 軌道の量子数 (n, l, m) はそれぞれいくつか.

5・4 $2p_y$ 軌道の節面はいくつあるか，どこにあるか.

5・5 1s 軌道で電子の存在確率を表す関数を求めよ．また，位置 $(0, 0, 3a_0)$ の存在確率は位置 $(0, 0, a_0)$ の存在確率の何倍か.

5・6 2s 軌道で電子の存在確率を表す関数を求めよ．また，位置 $(0, 0, 3a_0)$ の存在確率は位置 $(0, 0, a_0)$ の存在確率の何倍か.

5・7 1s 軌道および 2s 軌道の動径分布関数で，節となる r と極大値となる r を求めよ.

5・8 横軸に r，縦軸に存在確率をとって，ボーアの原子模型をグラフで描け.

5・9 $r \sim r+dr$, $\theta \sim \theta+d\theta$, $\phi \sim \phi+d\phi$ の微小範囲を考える．体積（積分因子）が $r^2 \sin\theta \, dr d\theta d\phi$ であることを示せ.

5・10 極座標系の積分因子を角度 θ と ϕ について全空間で積分して，半径 r で厚さ dr の球の表面の体積が $4\pi r^2 dr$ (表面積×厚さ) になることを示せ.

6

角運動量とゼーマン効果

> 角運動量は量子論でとても重要な役割を果たす物理量である．電子の角運動量が原因となって水素原子は磁石の性質を示す．磁気モーメントの大きさは角運動量の大きさに比例し，向きは逆である．縮重していた三つの2p軌道のエネルギー準位は，外部磁場のなかで磁気量子数に従って三つに分裂する．

6・1 粒子の回転運動と角運動量

　量子論では運動量が重要な役割を果たす（§3・2参照）．運動量は大きさと方向をもつベクトルであり，一般に，p のようにゴシックで表す．たとえば，質量 m_e の電子が速度 v で運動しているときの運動量は，

$$p = m_e v \tag{6・1}$$

と書ける．速度 v の x, y, z 成分がそれぞれ v_x, v_y, v_z ならば，対応する運動量は，

$$p = (p_x,\ p_y,\ p_z) = (m_e v_x,\ m_e v_y,\ m_e v_z) \tag{6・2}$$

となる．力が外部からかからなければ，運動量（ベクトル）はエネルギー（スカラー）と同様に保存される物理量である．

　一方，粒子が円運動する場合には，角運動量が保存される．角運動量は位置ベクトル $r(x, y, z)$ と運動量ベクトル $p(p_x, p_y, p_z)$ の外積で表される．角運動量ベクトルを l と表現すれば，

$$l = r \times p \tag{6・3}$$

である．ここで，× は外積の記号である．したがって，ベクトルの外積の定義から*，角運動量ベクトル l の成分は次のようなる．

$$l = (yp_z - p_y z,\ zp_x - p_z x,\ xp_y - p_x y) \tag{6・4}$$

また，角運動量ベクトルの大きさは，

$$|l| = |r||p|\sin\theta \tag{6・5}$$

---

* 中田宗隆，"量子化学 III—化学者のための数学入門 12 章"，東京化学同人 (2005) 参照．

である．ここで，θはベクトル$\boldsymbol{r}$と$\boldsymbol{p}$のなす角度である．図6・1に示すように，粒子が円運動する場合には運動の方向は円の接線方向であり，位置ベクトル$\boldsymbol{r}$と運動量ベクトル$\boldsymbol{p}$は直交している．つまり，θは$\pi/2$である．したがって，質量m_e，速さvで円運動する粒子の角運動量ベクトル$\boldsymbol{l}$の大きさは，

$$|\boldsymbol{l}| = rm_e v \sin(\pi/2) = rm_e v \tag{6・6}$$

となる．角運動量ベクトル$\boldsymbol{l}$の方向は$\boldsymbol{r}$と$\boldsymbol{p}$に直交し，$\boldsymbol{r}$と$\boldsymbol{p}$がつくる面に対して垂直方向を向く（図6・1）*．

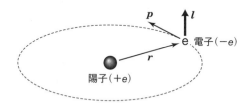

図6・1　電子の円運動における位置ベクトル$\boldsymbol{r}$，運動量ベクトル$\boldsymbol{p}$，角運動量ベクトル$\boldsymbol{l}$の関係

6・2　角運動量の演算子

(6・4)式は古典力学で扱った場合の角運動量の表現である．(3・27)式で示したように，量子論では運動量は微分演算子∇と次のように対応する．

$$\boldsymbol{p} \to -\mathrm{i}\hbar\nabla \tag{6・7}$$

(6・7)式を(6・4)式に代入すれば，ベクトルの外積の定義に従って，角運動量の各成分の演算子は次のように書ける．

$$\hat{l}_x = -\mathrm{i}\hbar\left(y\frac{\partial}{\partial z} - \frac{\partial}{\partial y}z\right) \tag{6・8}$$

$$\hat{l}_y = -\mathrm{i}\hbar\left(z\frac{\partial}{\partial x} - \frac{\partial}{\partial z}x\right) \tag{6・9}$$

$$\hat{l}_z = -\mathrm{i}\hbar\left(x\frac{\partial}{\partial y} - \frac{\partial}{\partial x}y\right) \tag{6・10}$$

さらに，§4・1で波動方程式を解いた場合と同様に，直交座標系から極座標系に演算子を変換すると，

---

* $\boldsymbol{r}\times\boldsymbol{p}$と$\boldsymbol{p}\times\boldsymbol{r}$では向きが逆になる．左手で，前のベクトルを中指，後のベクトルを人さし指として直角に曲げると，親指の方向が外積のベクトルの方向になる．

$$\hat{l}_x = -i\hbar\left(-\sin\phi\frac{\partial}{\partial\theta} - \cot\theta\cos\phi\frac{\partial}{\partial\phi}\right) \quad (6\cdot 11)$$

$$\hat{l}_y = -i\hbar\left(\cos\phi\frac{\partial}{\partial\theta} - \cot\theta\sin\phi\frac{\partial}{\partial\phi}\right) \quad (6\cdot 12)$$

$$\hat{l}_z = -i\hbar\left(\frac{\partial}{\partial\phi}\right) \quad (6\cdot 13)$$

となる.また,角運動量の大きさの2乗 $|\boldsymbol{l}|^2$ は $\boldsymbol{l}$ の内積 $(\boldsymbol{l}\cdot\boldsymbol{l})$ だから,演算子 $\hat{\boldsymbol{l}}^2$ は次のようになる.

$$\hat{\boldsymbol{l}}^2 = \hat{l}_x^2 + \hat{l}_y^2 + \hat{l}_z^2 = -\hbar^2\left\{\frac{1}{\sin^2\theta}\frac{\partial^2}{\partial\phi^2} + \frac{1}{\sin\theta}\frac{\partial}{\partial\theta}\left(\sin\theta\frac{\partial}{\partial\theta}\right)\right\} \quad (6\cdot 14)$$

(6・14)式の演算子は(4・46)式で示した波動方程式の角度部分を表す式,

$$\left[-\hbar^2\left\{\frac{1}{\sin^2\theta}\frac{\partial^2}{\partial\phi^2} + \frac{1}{\sin\theta}\frac{\partial}{\partial\theta}\left(\sin\theta\frac{\partial}{\partial\theta}\right)\right\}\right]Y_{l,m}(\theta,\phi) = \hbar^2 l(l+1)Y_{l,m}(\theta,\phi) \quad (6\cdot 15)$$

の演算子と同じである.つまり,

$$\hat{\boldsymbol{l}}^2 Y_{l,m}(\theta,\phi) = \hbar^2 l(l+1) Y_{l,m}(\theta,\phi) \quad (6\cdot 16)$$

が成り立つ.結局,角運動量の大きさの2乗の演算子 $\hat{\boldsymbol{l}}^2$ の固有関数は球面調和関数 $Y_{l,m}(\theta,\phi)$ であり,その固有値は方位量子数 l を使って $\hbar^2 l(l+1)$ である.そこで,角運動量ベクトルの大きさを次のように考えることにする*.

$$|\boldsymbol{l}| = \hbar\{l(l+1)\}^{\frac{1}{2}} \quad (6\cdot 17)$$

なお,(5・3)式で説明したように,方位量子数には $l=0,1,2,\cdots$ の条件がある.

実をいうと,角運動量の z 成分の演算子 $\hat{l}_z$ の固有関数も球面調和関数である.実際に(6・13)式で表される $\hat{l}_z$ を球面調和関数 $Y_{l,m}(\theta,\phi)$ に演算すると,

$$\hat{l}_z Y_{l,m}(\theta,\phi) = \left[-i\hbar\frac{\partial}{\partial\phi}\right]\Theta(\theta)\Phi(\phi) = -i\hbar\Theta(\theta)\frac{\partial}{\partial\phi}\left(\frac{1}{2\pi}\right)^{\frac{1}{2}}\exp(im\phi)$$
$$= \hbar m\Theta(\theta)\left(\frac{1}{2\pi}\right)^{\frac{1}{2}}\exp(im\phi) = \hbar m\Theta(\theta)\Phi(\phi) = \hbar m Y_{l,m}(\theta,\phi) \quad (6\cdot 18)$$

となる.つまり,角運動量の z 成分の演算子 $\hat{l}_z$ の固有関数も球面調和関数 $Y_{l,m}(\theta,\phi)$ であり,その固有値が $\hbar m$ である.なお,(5・4)式で説明したように,

---

* 同じアルファベットなのでまぎらわしいが,$\boldsymbol{l}$ は角運動量ベクトルであり,l は方位量子数である.$\boldsymbol{l}$ の大きさが l に対応していないので注意すること.

球面調和関数の性質として $m = 0, \pm 1, \pm 2, \cdots, \pm l$ の条件がある.

角運動量ベクトル $\boldsymbol{l}$ と z 成分の演算子 $\hat{l}_z$ の固有値の関係を図 6・2 に示す. 縦軸を z 軸とした. また, 太い矢印が角運動量ベクトル $\boldsymbol{l}$ を表し, 大きさは $\hbar\{l(l+1)\}^{1/2}$ である. つまり, $l=1$ では $\sqrt{2}\hbar$, $l=2$ では $\sqrt{6}\hbar$ である ($l=0$ では 0 ベクトル). $\boldsymbol{l}$ の z 軸への射影が $\hat{l}_z$ の固有値 $\hbar m$ を表している. $m = 0, \pm 1, \pm 2, \cdots, \pm l$ の条件より, $\hat{l}_z$ の固有値は $\hbar$ の整数倍しかとれないから, 角運動量ベクトルはある限られた方向にしか向くことができない. $l=1$ の場合には z 軸からの角度 θ が 3 方向に, $l=2$ の場合には θ が 5 方向に限られる. これらの角度は角運動量ベクトルの大きさ〔(6・17)式〕と $\hat{l}_z$ の固有値 $\hbar m$ から容易に計算できる (章末問題 6・6). 一方, x 軸への射影や y 軸への射影は量子化されていないので〔(6・11)式と (6・12)式で表される演算子 $\hat{l}_x$ と $\hat{l}_y$ の固有値は求められないという意味〕, 角運動量ベクトル $\boldsymbol{l}$ が細い実線で描いた円周上のどこを向いているかは決められない.

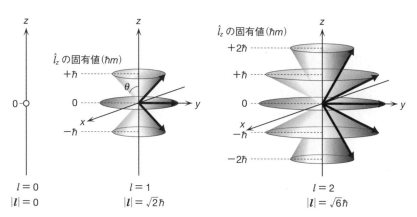

図 6・2 角運動量 $\boldsymbol{l}$ (太い矢印) の方向と演算子 $\hat{l}_z$ の固有値の関係

6・3 角運動量と磁気モーメント

電流は電子の流れである. したがって, ボーアの原子模型のように電子が円運動すると, 環電流が流れる. 環電流には磁力線が生じるという性質がある. たとえば, 導線を巻いてコイルをつくり, 電流を流すと電磁石ができる. 磁力線の向きは右ねじの法則によって決められる. コイルを上からみて, 電流 i の向きが時計回りならば磁力線の向きは下である〔図 6・3(a)〕. 逆に, 電流の向

きが反時計回りならば磁力線の向きは上である〔図6・3(b)〕.電流の向きは電子の運動の向きと反対に定義されているから,電子が反時計回りに円運動するならば磁力線は下を向き,角運動量は上を向く.逆に,電子が時計回りに運動するならば磁力線は上を向き,角運動量は下を向く.

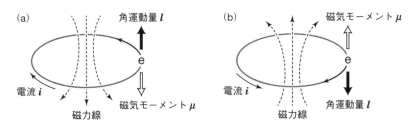

図 6・3　環電流によって生じる磁力線

どのくらいの強さの磁石になるかを表す物理量が磁気モーメント(あるいは,磁気双極子モーメントともいう) μ である.磁気モーメント μ は大きさと向きを表すベクトルである.磁気モーメントが大きければ強い磁石であり,小さければ弱い磁石である.電子が半径 r で円運動している場合の磁気モーメントの大きさを計算してみよう.ビオ・サバールの法則によれば,磁気モーメントの大きさは電流の値と円運動するときの円の面積の積になる.電流が大きければ磁気モーメントも大きく,また,円運動の半径が大きければ磁気モーメントも大きくなるという意味である.

電子が速さ v, 半径 r で回転しているとして,電流の値を求めてみよう.まず,円周を電子の速さで割り算すれば,1回転するためにかかる時間を計算できる ($2\pi r/v$).電子が単位時間に回る回数を求めるためには,1回転するためにかかる時間の逆数をとればよい ($v/2\pi r$).また,電流は単位時間に通り抜ける電子の数に電気素量 e を掛け算すればよいから,電流の大きさ i は,

$$i = \frac{v}{2\pi r}e \qquad (6\cdot 19)$$

となる.磁気モーメント μ の大きさは電流に円の面積を掛け算して,

$$|\mu| = \frac{ve}{2\pi r}\pi r^2 = \frac{erv}{2} \qquad (6\cdot 20)$$

となる.右辺の分母と分子に電子の質量 m_e を掛け算してから運動量に換え,さらに,(6・3)式を利用して角運動量で表すと,

$$|\boldsymbol{\mu}| = \frac{m_e e r v}{2m_e} = \frac{e}{2m_e}|\boldsymbol{r}\times\boldsymbol{p}| = \frac{e}{2m_e}|\boldsymbol{l}| \qquad (6\cdot21)$$

となる．(6・21)式は磁気モーメントと角運動量の大きさに関する式である．もしも，方向まで考えてベクトルで表すと次のようになる．

$$\boldsymbol{\mu} = -\frac{e}{2m_e}\boldsymbol{l} \qquad (6\cdot22)$$

負の符号をつけた理由は，角運動量と磁気モーメントの向きが逆だからである（図6・3参照）．もしも，正の電荷をもつ粒子が円運動するならば，角運動量と磁気モーメントの向きは同じになり，(6・22)式の負の符号は削除される．

6・4 外部磁場と磁気モーメントの相互作用

もしも，電子が原子核のまわりを円運動することによって磁気モーメントができ，水素原子に磁石の性質が生まれるならば，水素原子は磁場の影響を受けるはずである．外部磁場のなかに磁石を置いた場合の様子を図6・4に示す．破線の矢印は磁力線を表す．磁石のN極が外部磁場のS極側にある場合に最も安定となる．どのくらい安定であるか，外部磁場と磁石の相互作用によるエネルギーを調べてみよう．磁石の磁気モーメントを$\boldsymbol{\mu}$，外部磁場を$\boldsymbol{B}$とすると，外部磁場から受ける力によるポテンシャルエネルギーU'は，ベクトル$\boldsymbol{\mu}$と$\boldsymbol{B}$の内積となる*．

$$U' = -(\boldsymbol{\mu}\cdot\boldsymbol{B}) \qquad (6\cdot23)$$

外部磁場の磁力線の方向をz軸の方向にとり，大きさ（磁束密度）を定数B_z

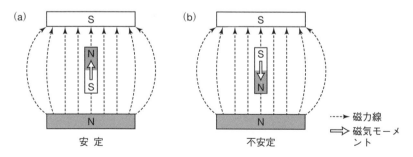

図6・4 外部磁場と磁気モーメントの安定性

---

* 中田宗隆，"量子化学III—化学者のための数学入門12章"，東京化学同人(2005) 参照．

〔単位はT(テスラ)〕として考え，磁石のμがz軸となす角度をθとする．そうすると，内積の定義から，

$$U' = -|\mu||B|\cos\theta = -|\mu|B_z\cos\theta \tag{6・24}$$

となる（$\mu_z=|\mu|\cos\theta$）．$\theta=\pi/2$のとき，つまり，μが水平方向（x軸またはy軸の方向）を向くときに$\cos\theta=0$だから，ポテンシャルエネルギーは0である．これを基準にとることにしよう（ポテンシャルエネルギーを考えるときには基準が必要．§2・4参照）．μとBが同じ方向を向けば，つまり，μがz軸の方向を向けば（$\theta=0$），

$$U' = -|\mu|B_z \tag{6・25}$$

となり，最もエネルギーが低く安定になる．一方，μとBが反対の方向を向ければ（$\theta=\pi$），ポテンシャルエネルギーは最も高くなり，最も不安定になる．

6・5 外部磁場のなかの水素原子

それでは，水素原子のそれぞれの軌道のエネルギー固有値が，外部磁場によってどのように影響を受けるのかを調べてみよう．量子論では(6・17)式からわかるように，角運動量の大きさ$|l|$は$\hbar\{l(l+1)\}^{1/2}$で与えられる（lは角運動量であり，lは方位量子数）．5章で説明したように，方位量子数lには条件があって，$l=0, 1, 2, \cdots$である．$l=0$のs軌道では$|l|=0$だから磁気モーメントがない（$|\mu|=0$）[*]．一方，$l=1$の場合，つまり，p軌道の場合には$|l|=\sqrt{2}\hbar$だから，磁気モーメントは0ではない．したがって，水素原子は磁石の性質をもつことになる．

外部磁場Bとの相互作用によるポテンシャルエネルギーU'を演算子で表してみよう．(6・22)式からわかるように，$\hat{\mu}_z$は$-(e/2m_e)\hat{l}_z$だから，

$$\hat{U}' = -\hat{\mu}_z B_z = \frac{B_z e}{2m_e}\hat{l}_z \tag{6・26}$$

となる．ここで，B_zは演算子ではなく磁場の大きさを表す定数である．そうすると，外部磁場のなかの水素原子の波動方程式は次のようになる．

$$\left[\hat{H}_0 + \frac{B_z e}{2m_e}\hat{l}_z\right]\psi = E\psi \tag{6・27}$$

---

[*] $l=0$は磁気モーメントが0であることを意味する．ボーアの原子模型では磁気モーメントは決して0にはならない．量子論では電子がどのように運動しているかはわからないが，角運動量を演算子に変換することによって，角運動量を正しく求めることができる．

6・5 外部磁場のなかの水素原子

ここで，$\hat{H}_0$ は外部磁場がないときのハミルトン演算子〔(3・25)式〕であり，

$$\hat{H}_0 = -\frac{\hbar^2}{2m_e}\nabla^2 - \frac{e^2}{4\pi\varepsilon_0 r} \tag{6・28}$$

と定義される．(6・27)式の演算子の第2項が水素原子の磁気モーメントと外部磁場との相互作用によるポテンシャルエネルギーを表す．すでに(4・53)式と(5・5)式で示したように，波動方程式 $\hat{H}_0\psi = E_0\psi$ の固有関数と固有値は，

$$\psi_{n,l,m}(r,\theta,\phi) = R_{n,l}(r)\,Y_{l,m}(\theta,\phi) \tag{6・29}$$

$$E_0 = -\frac{e^2}{8\pi\varepsilon_0 a_0}\frac{1}{n^2} \tag{6・30}$$

である．また，(6・18)式で示したように，

$$\hat{l}_z Y_{l,m}(\theta,\phi) = \hbar m Y_{l,m}(\theta,\phi) \tag{6・31}$$

であり，角運動量の z 成分の演算子 $\hat{l}_z$ の固有関数も，ハミルトン演算子の角度部分と同じ球面調和関数である．そうすると，波動方程式(6・27)は次のようになる．

$$\left[\hat{H}_0 + \frac{B_z e}{2m_e}\hat{l}_z\right]R_{n,l}(r)\,Y_{l,m}(\theta,\phi) = \left(-\frac{e^2}{8\pi\varepsilon_0 a_0}\frac{1}{n^2} + \frac{B_z e}{2m_e}\hbar m\right)R_{n,l}(r)\,Y_{l,m}(\theta,\phi) \tag{6・32}$$

したがって，外部磁場のなかの水素原子のエネルギー固有値は，

$$E = -\frac{e^2}{8\pi\varepsilon_0 a_0}\frac{1}{n^2} + \frac{B_z e}{2m_e}\hbar m \tag{6・33}$$

となる．右辺の第2項が外部磁場との相互作用によるエネルギー固有値を表す．

1s軌道の場合には，量子数は $n=1$，$l=0$，$m=0$ である．したがって，(6・33)式の第2項は消え，エネルギー固有値は外部磁場の影響を受けない．また，2s軌道の量子数は $n=2$，$l=0$，$m=0$ であり，2s軌道のエネルギー固有値も外部磁場の影響を受けない．しかし，2p軌道では事情が異なる．それぞれの量子数は $n=2$，$l=1$，$m=-1,0,+1$ であり，エネルギー固有値は次の3種類になる．

$$E = -\frac{e^2}{8\pi\varepsilon_0 a_0}\frac{1}{4} - \frac{B_z e}{2m_e}\hbar \tag{6・34}$$

$$E = -\frac{e^2}{8\pi\varepsilon_0 a_0}\frac{1}{4} \tag{6・35}$$

$$E = -\frac{e^2}{8\pi\varepsilon_0 a_0}\frac{1}{4} + \frac{B_z e}{2m_e}\hbar \qquad (6\cdot 36)$$

外部磁場のなかの水素原子のエネルギー固有値は m に依存するので,量子数 m は磁気量子数とよばれる.

2章では,水素ガスを放電させるとエネルギーリッチな水素原子ができ,それらが発光することを説明した.$n=2$ から $n=1$ への遷移による発光はライマン系列とよばれる(図 2・4 参照).もしも,水素ガスを外部磁場のなかで放電させるとどうなるだろうか.図 6・5 には (6・33) 式に基づいて,図 2・4 と同様のエネルギー準位の図を描いた.図 2・4 と異なるのは,磁気量子数 m の値に従って $n=2$ のエネルギー準位が三つに分裂することである.

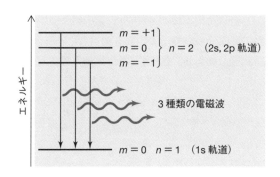

図 6・5 外部磁場のなかの水素原子のエネルギー準位と発光 ($n=2\to 1$)

$n=2$ の真ん中のエネルギー準位は,磁気量子数 m が 0 の 2s 軌道と $2p_z$ 軌道である.それよりも下にある安定な準位は $m=-1$ の軌道,上にある不安定な準位は $m=+1$ の準位である.どちらのエネルギー準位が $2p_x$ 軌道か $2p_y$ 軌道か,対応させることはできない.その理由は,$2p_x$ 軌道と $2p_y$ 軌道が $m=1$ の $R_{2,1}(r)Y_{1,1}(\theta,\phi)$ と $m=-1$ の $R_{2,1}(r)Y_{1,-1}(\theta,\phi)$ の直交変換によって求めた波動関数だからである(§5・5 参照).実際に外部磁場のなかの水素原子の発光を観測すると,$n=2$ から $n=1$ への遷移による発光は,エネルギーの異なる 3 種類の電磁波に区別できることがわかる.外部磁場によってエネルギー準位が分裂することをゼーマン効果という.

章末問題

6・1 玉を静止した玉に衝突させ,衝突した玉が進行方向に対して $10°$,衝突

された玉が30°の方向に進んだとする．どちらの玉の速さが大きいか．ただし，二つの玉の質量は同じとする．

6・2 x 軸方向の単位ベクトルと y 軸方向の単位ベクトルの外積を求めよ．

6・3 y 軸方向の単位ベクトルと x 軸方向の単位ベクトルの外積を求めよ．

6・4 x 軸方向の単位ベクトルと y 軸方向の単位ベクトルの内積を求めよ．

6・5 球面調和関数に(6・13)式を2回演算して，$\hat{l}_z^2$ の固有値を求めよ．

6・6 図6・2の $l=1$ で，$m=+1$ の角運動量の z 軸となす角度が $\pi/4$ になることを示せ．

6・7 (6・22)式の右辺の単位を求め，磁気モーメントの単位と一致することを確認せよ．

6・8 磁気モーメント μ が x, y, z のすべての成分をもつとすると，外部磁場 B から受けるポテンシャルエネルギーは，一般にどのような式で表されるか．

6・9 大きさが B_z の外部磁場のなかに水素原子を置くと，3d 軌道のエネルギー準位はいくつに分裂するか．

6・10 問題6・9で分裂したエネルギー準位のそれぞれのエネルギー固有値を求めよ．

7
電子のスピン角運動量

古典力学では想像できないが，原子核のまわりを回る電子には6章で説明した軌道角運動量のほかに，もう一つの別の角運動量がある．これを電子のスピン角運動量とよぶ．電子のスピン角運動量の量子数は整数ではなく1/2という半整数であり，唯一の値である．また，電子の軌道角運動量とスピン角運動量は相互作用する．

7・1 不均一磁場のなかの水素原子

§6・5で説明した外部磁場の磁束密度は空間的に均一であった．つまり，位置による磁束密度の違いは考慮しなかった．もしも，均一ではなく，不均一な外部磁場のなかの水素原子ならば，どうなるだろうか．不均一な磁場というのは，たとえば，外部磁場をつくる磁石のN極の先端をとがらせて，S極を広げるとつくることができる（図7・1）．このようにすると，磁力線はとがったN極の先端から広がったS極に向かって進むから，N極の先端付近では磁束密度が大きくなり，S極付近では磁束密度が小さくなる．

磁束密度が位置によって異なると，外部磁場のなかの磁石にかかる力の大き

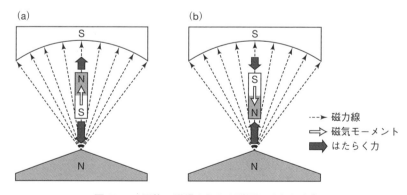

図7・1　不均一磁場のなかの磁石にはたらく力

7・1 不均一磁場のなかの水素原子

さが位置によって異なる.たとえば,磁石のS極が外部磁場のとがったN極に近い場合(磁気モーメントが上向き)を考えてみよう〔図7・1(a)〕.この場合には,磁石のS極は外部磁場から強い引力を下向きに受ける.逆に磁石のN極は磁束密度の小さい外部磁場のS極に近いから,上向きの引力は弱い.結果として,磁石には下向きの力がはたらく.外部磁場のなかの磁石の向きが逆になった場合(磁気モーメントが下向き)には,逆の現象が現われる〔図7・1(b)〕.磁束密度の大きい外部磁場のN極の近くでは磁石のN極に大きな上向きの斥力がはたらき,磁束密度の小さい外部磁場のS極では下向きの斥力は小さい.結果として,磁石には上向きの力がはたらく.

水素原子を真空中でビームにして不均一磁場のなかを通したら,どのようになるだろうか(図7・2).エネルギーの最も低い1s軌道の状態の水素原子ならば,方位量子数lが0で磁気量子数mが0だから,角運動量の大きさも0であり,磁気モーメントも0である.つまり,不均一磁場の影響を受けずに真っ直ぐに進むはずである(§6・5参照).しかし,シュテルン(O. Stern)とゲルラッハ(W. Gerlach)が実際に調べると*,真っ直ぐに進むはずのビームが二つに分裂した.この結果を説明するために,角運動量は0でも,それとは別の第二の角運動量が存在し,その角運動量のために磁気モーメントが生じると考える.そうすれば,第二の磁気モーメントの向きによって不均一磁場との相互作用が異なるので,水素原子のビームは二つの異なる方向に進むと説明できる.

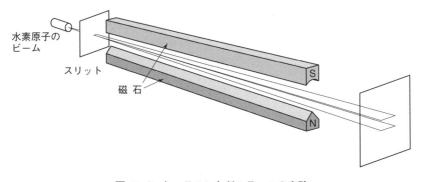

図7・2 シュテルンとゲルラッハの実験

---

* シュテルンとゲルラッハは加熱して蒸発させた銀原子のビームを使って,ビームが分裂することを見いだした.その後,水素原子のビームでも同様の結果が得られることがわかっている.

7・2 電子のスピン角運動量

水素原子に第二の角運動量が存在するということはどういうことだろうか.古典力学で太陽と地球の関係を思い浮かべればよい.地球は太陽のまわりを公転している.ボーアの原子模型では電子が原子核のまわりを回転していることに対応し,この回転運動に伴って角運動量が存在した.これが第一の角運動量であり,軌道角運動量とよぶことにする.また,地球は自転もしているから,電子も自転していると考えればよい.自転することは回転運動であり,回転運動に伴って角運動量が存在する.これが第二の角運動量である.これを電子のスピン角運動量 s とよび,軌道角運動量 l と区別する.すでに§5・5で説明したように,量子論では粒子の運動の軌跡を追いかけることは不可能であり,電子が原子核のまわりを回っているか,電子が自転しているかはわからない.しかし,水素原子に2種類の角運動量を仮定しないと,シュテルンとゲルラッハの実験をはじめ,さまざまな実験結果をうまく説明できない.そこで,第二の角運動量としてスピン角運動量という概念が導入された.

電子のスピン角運動量の演算子,固有関数,固有値が具体的にどのような式になるかはわからない.そこで,同じ角運動量だから,スピン角運動量も軌道角運動量と同じような関係式が成り立つと考えることにする.軌道角運動量の2乗の演算子 $\hat{l}^2$ の固有値は $\hbar^2 l(l+1)$ であり,z 成分の演算子 $\hat{l}_z$ の固有値は $\hbar m$ である(表7・1).そこで,$\hat{l}^2$ の固有値の量子数 l に対応するスピン角運動量の量子数を s,$\hat{l}_z$ の固有値の量子数 m に対応するスピン角運動量の磁気量子数を m_s と書くことにする.そうすると,スピン角運動量の2乗の演算子 $\hat{s}^2$ の固有値は $\hbar^2 s(s+1)$ であり,z 成分の演算子 $\hat{s}_z$ の固有値は $\hbar m_s$ となる(表7・1).これからはスピン角運動量と軌道角運動量をはっきりと区別するために,軌道角運動量の磁気量子数にも添え字の l をつけて,m_l と表すことにする.

表 7・1 軌道角運動量,スピン角運動量,合成角運動量の固有値と量子数

	軌道角運動量 l	スピン角運動量 s	合成角運動量 j
2乗の固有値	$\hbar^2 l(l+1)$	$\hbar^2 s(s+1)$	$\hbar^2 j(j+1)$
量子数の条件	$l = 0, 1, \cdots, n-1$	$s = \dfrac{1}{2}$	$j = \lvert l-s \rvert, \cdots, l+s$
z 成分の固有値	$\hbar m_l$	$\hbar m_s$	$\hbar m_j$
磁気量子数の条件	$m_l = -l, \cdots, +l$	$m_s = -\dfrac{1}{2}, +\dfrac{1}{2}$	$m_j = -j, \cdots, +j$

7・2 電子のスピン角運動量

軌道角運動量に関する量子数 l と m_l には，球面調和関数の一部であるルジャンドル陪多項式の関係から，$m_l = -l, \cdots, +l$ という条件（書き方が違うだけで $m_l = 0, \pm 1, \pm 2, \cdots, \pm l$ と同じ）があった．スピン角運動量に関する量子数でも，同じように $m_s = -s, \cdots, +s$ が成り立つのだろうか．しかし，シュテルンとゲルラッハの実験では，水素原子のビームはスピン角運動量に伴う磁気モーメントによって，二つの方向に分裂した．つまり，スピン角運動量の磁気量子数 m_s は 2 種類である．この実験事実を説明するためには，スピン角運動量の量子数 s が整数であると考えては無理である．なぜならば，$s = 0$ ならば $m_s = 0$ の 1 種類のみが可能であり，$s = 1$ ならば $m_s = -1, 0, +1$ の 3 種類が可能であって，2 種類にはならない．どうしても 2 種類にするためには，s が整数ではなく，半整数の 1/2 であると考えざるを得ない．スピン角運動量の量子数 s が 1/2 ならば，m_s は $-1/2, +1/2$ となって，シュテルンとゲルラッハの実験結果をうまく説明できる．軌道角運動量の量子数では $l = 0, 1, 2, \cdots, n-1$ という条件があり，いろいろな整数の値をとることができたが，スピン角運動量の量子数では $s = 1/2$ という半整数のみが許される．これまでに $s = 1/2$ という仮説に矛盾した実験結果は見つかっていない．

図 6・2 と同様に，スピン角運動量 s の方向と z 成分の演算子 $\hat{s}_z$ の固有値 $\hbar m_s$ の関係を図 7・3 に示す．スピン角運動量の量子数 s は 1/2 だから，

$$|s| = \hbar \left\{ \frac{1}{2}\left(\frac{1}{2}+1\right) \right\}^{\frac{1}{2}} = \frac{\sqrt{3}}{2}\hbar \tag{7・1}$$

である〔(6・17)式参照〕．一方，z 成分の演算子 $\hat{s}_z$ の固有値は $m_s = -1/2, +1/2$ だから $-(1/2)\hbar$ と $+(1/2)\hbar$ である．それらの間隔は $\hat{l}_z$ の固有値と同じ $\hbar$ である．

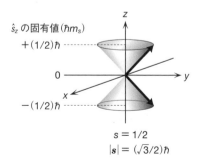

図 7・3　スピン角運動量 s（太い矢印）の方向と演算子 $\hat{s}_z$ の固有値の関係

7・3 外部磁場とスピン角運動量の相互作用

スピン角運動量の量子数 s は 1/2 だから,磁気量子数 m_s は $-1/2$ か $+1/2$ であり,磁気モーメントは常に 0 でない.そうすると,これまで外部磁場のなかではエネルギー準位が分裂しないと考えていた 1s 軌道や 2s 軌道も,スピン角運動量の磁気量子数 m_s が $-1/2$ か $+1/2$ かによって分裂することになる.どのくらいの外部磁場で,どのくらい分裂するかを調べてみよう.

軌道角運動量 l と磁気モーメント μ_l の間には (6・22)式で示す次の関係式がある(m_e は磁気量子数ではなく,電子の質量).

$$\mu_l = -\frac{e}{2m_e}l \tag{7・2}$$

スピン角運動量 s についても同様の式が成り立つとすると,

$$\mu_s = g_e \frac{e}{2m_e}s \tag{7・3}$$

となる.ただし,スピン角運動量によって生じる磁気モーメントであることを示すために,μ に小文字の s を添えた.また,軌道角運動量によって生じる磁気モーメントとは大きさが異なるはずなので,その違いを表す係数として g_e を掛け算した(g_e には負の符号を含めた).この係数のことを g 因子とよぶ.添え字の e は電子の g 因子という意味である(核子の g 因子を後で説明する).

外部磁場(磁力線)の方向を z 軸とすれば,外部磁場と電子のスピン角運動量に伴う磁気モーメントとの相互作用によるポテンシャルエネルギーは,

$$U' = -g_e \frac{B_z e}{2m_e}\hbar m_s \tag{7・4}$$

で表される(§6・5 参照).この式は単に軌道角運動量に関する(6・33)式の右辺の第 2 項の m を m_s におき換え,g 因子を掛け算した式である.ただし,g 因子に負の符号を含めたので,(7・4)式には負の符号をつけた.ここで,

$$\mu_B = \frac{e\hbar}{2m_e} \tag{7・5}$$

と定義すると,(7・4)式は,

$$U' = -g_e \mu_B B_z m_s \tag{7・6}$$

となる.この μ_B はボーア磁子とよばれる基礎物理定数の一つであり,約 9.274 $\times 10^{-24}$ J T^{-1} である(表1・4 参照).一方,g_e は約 -2.002319 という値であることが実験的にわかっている.結局,外部磁場のなかの水素原子のエネルギー

7・3 外部磁場とスピン角運動量の相互作用

準位は図7・4のようになる．1s軌道も2s軌道も電子のスピン角運動量のために，外部磁場のなかでは磁気量子数 m_s によって二つに分裂し，2p軌道はさらに磁気量子数 m_l によって三つに分裂する（2s軌道は $m_l = 0$ の2p軌道と同じ）．

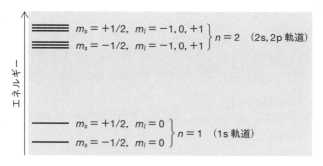

図7・4 外部磁場のなかの水素原子のエネルギー準位
（スピン角運動量を考慮）

実をいうと，原子核である陽子にもスピン角運動量がある．太陽と地球の関係で想像すれば，太陽も自転しているということである．陽子のスピン角運動量の量子数 I は電子のスピン角運動量と同じ1/2である*．したがって，磁気量子数 m_I は $-1/2$ と $+1/2$ であり，電子のスピン角運動量と同じように考えることができる．そうすると，外部磁場と陽子のスピン角運動量に伴う磁気モーメントとの相互作用によるポテンシャルエネルギー U' は，(7・6)式と同様に，

$$U' = -g_N \mu_N B_z m_I \tag{7・7}$$

と書ける．ただし，g_N は核子（陽子）の g 因子であり，約5.585695である．核子の電荷の符号は電子と逆なので，g_N は正の値になる．また，μ_N は核磁子とよばれ，(7・5)式と同様に次のように定義される．

$$\mu_N = \frac{e\hbar}{2m_p} \tag{7・8}$$

ここで，m_p は陽子（プロトン）の質量である．m_p は m_e の約1836倍だから，μ_N の大きさはボーア磁子 μ_B の大きさの約 1/1836 倍となる（表1・4）．

---

* 一般の元素では，核のスピン角運動量の量子数は陽子の数と中性子の数で決まり，重水素原子 D は 1，^{4}He は 0 など，元素の種類や同位体によって異なる（II巻3章参照）．

7・4 軌道角運動量とスピン角運動量の合成

軌道角運動量とスピン角運動量の2種類の角運動量があるということは，まるで水素原子のなかに2種類の磁石があるということである（ここでは原子核のスピン角運動量は考えない）．二つの磁石が近くにあれば，互いに影響を及ぼしあう．二つの角運動量の相互作用（スピン-軌道相互作用）を考慮して，水素原子のエネルギー準位がどのように分裂するかを考えてみよう．

電子のスピン角運動量 s に伴う磁気モーメント μ_s の大きさは s の大きさに比例するから〔(7・3)式参照〕，μ_s によってできる磁場 B も s に比例する．また，電子の軌道角運動量 l に伴う磁気モーメント μ_l の大きさは l の大きさに比例する〔(7・2)式参照〕．そうすると，B と s との相互作用，つまり μ_l と μ_s の相互作用によるポテンシャルエネルギー U' は，l と s の内積に比例するはずである〔(6・23)式参照〕．比例定数を λ（波長ではない）とすると，スピン-軌道相互作用によるポテンシャルエネルギー U' は次のようになる．

$$U' = \lambda(l \cdot s) \tag{7・9}$$

$(l \cdot s)$ がどのような演算子で表されるかはすぐにはわからない．そこで，角運動量 l と s のベクトル和をつくって，新たな角運動量ベクトル j を考えることにする（図7・5）．j を合成角運動量とよぶ（表7・1）．

$$j = l + s \tag{7・10}$$

ベクトル j はベクトル l と s の和であるが，l と s の向きによって大きさが変わる．l と s が同じ方向を向いていれば j の大きさは最大であり，逆の方向を向いていれば j の大きさは最小である（図7・5）．量子数の最大値は $l+s$ であり，最小値は $|l-s|$ である．角運動量の量子数は決して負にはならないので，絶対値の記号をつけた．こうして，合成角運動量の量子数 j の条件は，

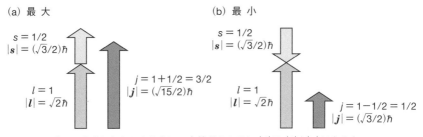

(7・12)式からわかるように，交差項のために $|j|$ は $|l|\pm|s|$ にならない

図 7・5　最大と最小を示す合成角運動量ベクトル（$l=1$, $s=1/2$ の場合）

7・5 スピン-軌道相互作用によるエネルギー準位の分裂

$$j = |l-s|, \cdots, l+s \qquad (7\cdot11)$$

となる．また，合成角運動量のz成分の量子数の条件は，軌道角運動量やスピン角運動量と同様に$m_j = -j, \cdots, +j$となる（表7・1）．

合成角運動量jの2乗の演算子を考えると，

$$\hat{\boldsymbol{j}}^2 = (\hat{\boldsymbol{j}}\cdot\hat{\boldsymbol{j}}) = (\hat{\boldsymbol{l}}+\hat{\boldsymbol{s}}\cdot\hat{\boldsymbol{l}}+\hat{\boldsymbol{s}}) = \hat{\boldsymbol{l}}^2 + 2(\hat{\boldsymbol{l}}\cdot\hat{\boldsymbol{s}}) + \hat{\boldsymbol{s}}^2 \qquad (7\cdot12)$$

となる．したがって，2種類の角運動量$\boldsymbol{l}$と$\boldsymbol{s}$の相互作用の演算子は，

$$(\hat{\boldsymbol{l}}\cdot\hat{\boldsymbol{s}}) = \frac{1}{2}(\hat{\boldsymbol{j}}^2 - \hat{\boldsymbol{l}}^2 - \hat{\boldsymbol{s}}^2) \qquad (7\cdot13)$$

と表される．結局，スピン-軌道相互作用を考慮した水素原子の厳密な波動方程式（外部磁場を考えない）は，

$$[\hat{H}_0 + \lambda(\hat{\boldsymbol{l}}\cdot\hat{\boldsymbol{s}})]R_{n,l}(r)Y_{l,m}(\theta,\phi) = \left[\hat{H}_0 + \frac{\lambda}{2}(\hat{\boldsymbol{j}}^2 - \hat{\boldsymbol{l}}^2 - \hat{\boldsymbol{s}}^2)\right]R_{n,l}(r)Y_{l,m}(\theta,\phi)$$
$$= \left[-\frac{e^2}{8\pi\varepsilon_0 a_0}\frac{1}{n^2} + \frac{\lambda}{2}\{\hbar^2 j(j+1) - \hbar^2 l(l+1) - \hbar^2 s(s+1)\}\right]R_{n,l}(r)Y_{l,m}(\theta,\phi)$$
$$(7\cdot14)$$

となる．したがって，水素原子の厳密なエネルギー固有値は，

$$E = -\frac{e^2}{8\pi\varepsilon_0 a_0}\frac{1}{n^2} + \frac{\lambda\hbar^2}{2}\{j(j+1) - l(l+1) - s(s+1)\} \qquad (7\cdot15)$$

となって，主量子数n，方位量子数l，電子のスピン角運動量の量子数sに依存する．なお，jの値はlの値とsの値から計算できる〔(7・11)式参照〕．

7・5 スピン-軌道相互作用によるエネルギー準位の分裂

スピン-軌道相互作用を考慮した状態，つまり，(7・15)式で表されるエネルギーの状態を電子状態とよぶ．電子状態にも軌道と同じようにニックネームをつける．たとえば，電子が1s軌道の状態では$l=0$, $s=1/2$であり，$j=1/2$となり，この電子状態を$^2S_{1/2}$と書く．アルファベットの左上の添え字の2はスピン角運動量の磁気量子数m_sの種類の数を表す．水素原子の電子では$m_s = -1/2$と$+1/2$の2種類だから2である．Sは1s軌道と同様に方位量子数lが0であることを表す．右下の添え字の1/2は量子数jを表す．また，電子が2s軌道の状態では1s軌道と同様に$l=0$, $s=1/2$だから，$j=1/2$となり，$^2S_{1/2}$である．ただし，主量子数nが異なるので，エネルギーの値は異なる．それぞれを区別するために，かりに主量子数nの値を電子状態のニックネームに添え

る（正式な命名法はII巻9章参照）．$l=0$, $s=1/2$, $j=1/2$ を(7・15)式に代入すれば，電子状態 $1{}^2\mathrm{S}_{1/2}$ と $2{}^2\mathrm{S}_{1/2}$ のエネルギー固有値は，

$$1{}^2\mathrm{S}_{1/2}:\ E = -\frac{e^2}{8\pi\varepsilon_0 a_0} + \frac{\lambda\hbar^2}{2}\left(\frac{3}{4}-\frac{3}{4}\right) = -\frac{e^2}{8\pi\varepsilon_0 a_0} \qquad (7\cdot 16)$$

$$2{}^2\mathrm{S}_{1/2}:\ E = -\frac{e^2}{8\pi\varepsilon_0 a_0}\frac{1}{4} + \frac{\lambda\hbar^2}{2}\left(\frac{3}{4}-\frac{3}{4}\right) = -\frac{e^2}{8\pi\varepsilon_0 a_0}\frac{1}{4} \qquad (7\cdot 17)$$

となる．一方，電子が2p軌道の状態では $l=1$, $s=1/2$ だから，$j=1/2$ と $3/2$ の2種類が可能である．(7・15)式からわかるように，エネルギー固有値は j にも依存し，電子状態 $2{}^2\mathrm{P}_{1/2}$ と $2{}^2\mathrm{P}_{3/2}$ のエネルギー固有値は，

$$2{}^2\mathrm{P}_{1/2}:\ E = -\frac{e^2}{8\pi\varepsilon_0 a_0}\frac{1}{4} + \frac{\lambda\hbar^2}{2}\left(\frac{3}{4}-2-\frac{3}{4}\right) = -\frac{e^2}{8\pi\varepsilon_0 a_0}\frac{1}{4} - \lambda\hbar^2$$
$$(7\cdot 18)$$

$$2{}^2\mathrm{P}_{3/2}:\ E = -\frac{e^2}{8\pi\varepsilon_0 a_0}\frac{1}{4} + \frac{\lambda\hbar^2}{2}\left(\frac{15}{4}-2-\frac{3}{4}\right) = -\frac{e^2}{8\pi\varepsilon_0 a_0}\frac{1}{4} + \lambda\hbar^2$$
$$(7\cdot 19)$$

となり，確かに異なる*．また，スピン-軌道相互作用を考慮しないと2p軌道のエネルギー固有値は2s軌道と同じだったが，スピン-軌道相互作用を考慮すると，$\pm\lambda\hbar^2$ だけ異なることが(7・17)式との比較からわかる〔図7・6(a)〕．

水素原子を外部磁場のなかに置くと，どうなるだろうか．電子状態 $1{}^2\mathrm{S}_{1/2}$，

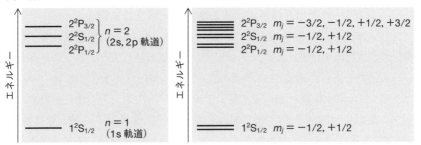

図 7・6　水素原子の電子状態のエネルギー準位（スピン-軌道相互作用を考慮）

---

* 2章で説明した $n=2$ から $n=1$ の発光は，スピン-軌道相互作用のために外部磁場がなくても二つに分裂する（$2{}^2\mathrm{P}_{1/2} \to 1{}^2\mathrm{S}_{1/2}$ と $2{}^2\mathrm{P}_{3/2} \to 1{}^2\mathrm{S}_{1/2}$）．この二重発光をd線といい，ナトリウムのd線が有名である．なお，$2{}^2\mathrm{S}_{1/2} \to 1{}^2\mathrm{S}_{1/2}$ は禁制のために発光しない（§9・5参照）．

$2^2S_{1/2}$, $2^2P_{1/2}$ の量子数 j は 1/2 だから,その磁気量子数 m_j は $-1/2$ と $+1/2$ の二つであり,外部磁場のなかではエネルギー準位が二つに分裂する.一方,$2^2P_{3/2}$ の量子数 j は 3/2 だから,その磁気量子数 m_j は $-3/2$, $-1/2$, $+1/2$, $+3/2$ の四つであり,エネルギー準位は四つに分裂する.水素原子の電子状態のエネルギー準位が外部磁場のなかでどのように分裂するかを図7・6(b)に示す.

章末問題

7・1 スピン-軌道相互作用を考慮しないとする.電子が 2p 軌道の状態の水素原子を不均一な磁場のなかに通すと,いくつに分裂するか.

7・2 電子が 1s 軌道の状態である水素原子を不均一な磁場のなかに通すと,五つに分裂したとする.スピン角運動量の量子数はいくつと仮定すべきか.

7・3 磁束密度が 1T(テスラ)の外部磁場のなかで,スピン角運動量による 1s 軌道のエネルギー準位の分裂幅を(7・6)式から求めよ.

7・4 問題7・3で,分裂幅に等しいエネルギーをもつ電磁波を吸収したとする.電磁波の振動数を求めて,電磁波の種類を答えよ(表1・2参照).

7・5 外部磁場の大きさを変化させたときに,1s 軌道のエネルギー準位はスピン角運動量によってどのように変化するか,グラフを描け.

7・6 磁束密度が 1T(テスラ)の外部磁場のなかで,陽子のスピン角運動量によるエネルギー準位の分裂幅を求めよ.

7・7 問題7・6で,分裂幅に等しいエネルギーをもつ電磁波を吸収したとする.電磁波の振動数を求めて,電磁波の種類を答えよ(表1・2参照).

7・8 問題7・1でスピン-軌道相互作用を考慮すると,いくつに分裂するか.

7・9 スピン-軌道相互作用を考慮して,3d 軌道の電子状態の名前を求めよ.

7・10 問題7・9で,エネルギー準位は外部磁場のなかでいくつに分裂するか.

8
電子間の相互作用の影響

> ヘリウム原子には2個の電子があるので，電子間の静電斥力に基づくポテンシャルエネルギーも考慮しなければならない．波動方程式をたてることはできるが，方程式を解いて波動関数とエネルギー固有値を求めることはできない．そこで，水素原子の結果を利用して，近似的な波動関数とエネルギー固有値を求める．

8・1 ヘリウムイオンの波動方程式

　水素Hの次に簡単な元素はヘリウムHeである．しかし，He原子はH原子と異なり，原子核のほかに2個の電子が存在する．そうすると，電子と原子核の静電引力だけではなく，電子間の静電斥力も考えなければならない．後で述べるように，実は，これがとても厄介なことなので，とりあえず，1個の電子を取除き，ヘリウムイオン He^+ について考えることにする（図8・1）．

図 8・1 ヘリウムイオン He^+ ではたらく静電引力

　3章ではH原子のスピン角運動量を考えない波動方程式について説明した．

$$\left[-\frac{\hbar^2}{2m_e}\nabla^2 - \frac{e^2}{4\pi\varepsilon_0 r}\right]\psi = E\psi \qquad (8\cdot1)$$

同様にして，まずは，He^+ の波動方程式をたててみよう．原子核の質量は電子の質量に比べて大きいので，原子核は静止していると近似すると，(8・1)式の第1項の運動エネルギーに関する演算子はH原子の場合と同じである．一方，原子核と電子の間にはたらく静電引力は，原子核の電荷が $+2e$ なので，H原子の場合の2倍となる．したがって，ポテンシャルエネルギーも2倍となる．結局，He^+ の波動方程式は，

8・1 ヘリウムイオンの波動方程式

$$\left[-\frac{\hbar^2}{2m_e}\nabla^2 - \frac{2e^2}{4\pi\varepsilon_0 r}\right]\psi = E\psi \tag{8・2}$$

となる．この式をH原子の波動方程式(8・1)と比べると，第2項のポテンシャルエネルギーの e^2 が $2e^2$ に換わっていることがわかる．したがって，求める He^+ の波動関数もエネルギー固有値も e^2 の代わりに $2e^2$ とおけばよい．ただし，ボーア半径は次のように定義され（§2・5参照），

$$a_0 = \frac{\varepsilon_0 h^2}{\pi m_e e^2} \tag{8・3}$$

$1/e^2$ を含むから，a_0 も $a_0/2$ に換える必要がある．(5・5)式より，電子のスピン角運動量を考慮しなければ，He^+ のエネルギー固有値は，

$$E = -\frac{4e^2}{8\pi\varepsilon_0 a_0}\frac{1}{n^2} \tag{8・4}$$

となる．H原子に比べて4倍もエネルギーが低い（安定である）．その理由は，電子が原子核によって2倍も強く引っ張られているからである．たとえば，He^+ の1s軌道のエネルギー固有値は(8・4)式に $n=1$ を代入して，

$$E = -\frac{4e^2}{8\pi\varepsilon_0 a_0} \tag{8・5}$$

となる．一方，1s軌道の波動関数は(5・6)式の a_0 を $a_0/2$ に換えればよい．

$$\psi_{1,0,0} = \left(\frac{1}{\pi}\right)^{\frac{1}{2}}\left(\frac{2}{a_0}\right)^{\frac{3}{2}}\exp\left(-\frac{2r}{a_0}\right) \tag{8・6}$$

また，1s軌道の動径分布関数は(5・8)式の a_0 を $a_0/2$ に換えれば，

$$D(r) = \frac{32r^2}{a_0^3}\exp\left(-\frac{4r}{a_0}\right) \tag{8・7}$$

となる．同様に，電子の存在確率が最大となる半径は，H原子ではボーア半径（$r=a_0$）だから，He^+ では $r=a_0/2$ である．電子が原子核によって2倍も強く引っ張られるので，電子の存在確率が最大となる半径も原子核に近づく．

以上の考察は Li^{2+}，Be^{3+}，B^{4+}，… など，電子を1個だけ含むイオンでも成り立つ．このようなイオンを水素類似原子という．一般に，原子番号を Z とすれば，原子核の電荷は $Z(+e)$ となり，水素類似原子のエネルギー固有値は，

$$E = -\frac{Z^2 e^2}{8\pi\varepsilon_0 a_0}\frac{1}{n^2} \tag{8・8}$$

となる〔(5・5)式で e^2 を Ze^2，a_0 を a_0/Z にする〕．また，1s軌道の波動関数は，

$$\psi_{1,0,0} = \left(\frac{1}{\pi}\right)^{\frac{1}{2}} \left(\frac{Z}{a_0}\right)^{\frac{3}{2}} \exp\left(-\frac{Zr}{a_0}\right) \tag{8・9}$$

となり，電子の存在確率が最大となる半径は a_0/Z である（図 8・2）.

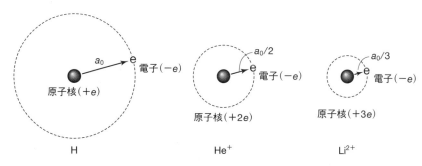

図 8・2　水素類似原子の電子の存在確率が最大となる半径（1s 軌道）

8・2　ヘリウム原子の波動方程式

それでは，He 原子の波動方程式をたててみよう．これまでと同様に，原子核は質量が大きいので静止していると近似する．また，電子が2個なので，かりに電子1と電子2と名前をつけることにする（図8・3）．運動エネルギーは電子1と電子2のそれぞれについて考える必要がある．それぞれの電子のラプラシアンを ∇_1^2 と ∇_2^2 とすれば，運動エネルギーの演算子 $\hat{T}$ は，

$$\hat{T} = -\frac{\hbar^2}{2m_e}(\nabla_1^2 + \nabla_2^2) \tag{8・10}$$

と表される．一方，ポテンシャルエネルギーは，電子1と原子核との静電引力，電子2と原子核の静電引力のほかに，電子間の静電斥力に基づくものも考えな

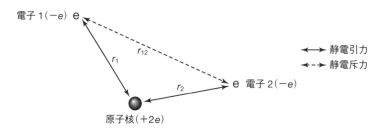

図 8・3　ヘリウム原子ではたらく静電力と座標

8・2 ヘリウム原子の波動方程式

ければならない．電子1と原子核の距離を r_1，電子2と原子核との距離を r_2，電子間の距離を r_{12} とすれば，ポテンシャルエネルギーの演算子 $\hat{U}$ は，

$$\hat{U} = -\frac{2e^2}{4\pi\varepsilon_0 r_1} - \frac{2e^2}{4\pi\varepsilon_0 r_2} + \frac{e^2}{4\pi\varepsilon_0 r_{12}} \tag{8・11}$$

となる*．しかし，r_1 と r_2 と r_{12} が独立な変数でないので，波動方程式は解けない．物理の言葉でいえば，3個の粒子が自由に動く運動方程式，すなわち，三体問題を解くことはできないということである．どうしたらよいだろうか．

たとえば，(8・11)式の右辺の第3項の電子間の静電斥力を無視できると近似したらどうだろうか．そうすると，ポテンシャルエネルギーの演算子 $\hat{U}$ は，

$$\hat{U} = -\frac{2e^2}{4\pi\varepsilon_0 r_1} - \frac{2e^2}{4\pi\varepsilon_0 r_2} \tag{8・12}$$

となり，したがって，He原子の波動方程式は，

$$\left[-\frac{\hbar^2}{2m_\mathrm{e}}(\nabla_1^2 + \nabla_2^2) - \frac{2e^2}{4\pi\varepsilon_0 r_1} - \frac{2e^2}{4\pi\varepsilon_0 r_2} \right]\psi = E\psi \tag{8・13}$$

となる．ここで，演算子を電子1の座標と電子2の座標でまとめると，

$$\left[\left(-\frac{\hbar^2}{2m_\mathrm{e}}\nabla_1^2 - \frac{2e^2}{4\pi\varepsilon_0 r_1} \right) + \left(-\frac{\hbar^2}{2m_\mathrm{e}}\nabla_2^2 - \frac{2e^2}{4\pi\varepsilon_0 r_2} \right) \right]\psi = E\psi \tag{8・14}$$

となる．これを(8・2)式と比べると，演算子の第1項も第2項も He^+ の波動方程式の演算子と同じであることがわかる．そこで，次のように定義して，

$$\hat{h}_1 = -\frac{\hbar^2}{2m_\mathrm{e}}\nabla_1^2 - \frac{2e^2}{4\pi\varepsilon_0 r_1} \quad \text{および} \quad \hat{h}_2 = -\frac{\hbar^2}{2m_\mathrm{e}}\nabla_2^2 - \frac{2e^2}{4\pi\varepsilon_0 r_2} \tag{8・15}$$

それぞれの演算子に対する波動関数を φ_1 と φ_2，それぞれのエネルギー固有値を ε_1 と ε_2 とすると，波動方程式(8・14)の固有関数 ψ は $\varphi_1\varphi_2$ になり，エネルギー固有値 E は $\varepsilon_1+\varepsilon_2$ となる．実際に固有関数 $\varphi_1\varphi_2$ に対して演算すると，

$$\begin{aligned}[\hat{h}_1+\hat{h}_2]\psi &= [\hat{h}_1+\hat{h}_2]\varphi_1\varphi_2 = \hat{h}_1(\varphi_1\varphi_2)+\hat{h}_2(\varphi_1\varphi_2) = \varepsilon_1\varphi_1\varphi_2+\varepsilon_2\varphi_1\varphi_2 \\ &= (\varepsilon_1+\varepsilon_2)\varphi_1\varphi_2 = E\varphi_1\varphi_2\end{aligned} \tag{8・16}$$

となり，確かに固有関数が $\varphi_1\varphi_2$ であり，固有値が $\varepsilon_1+\varepsilon_2$ であることがわかる．

---

* ポテンシャルエネルギーの演算子 $\hat{U}$ は古典力学の式と同じである（§3・5参照）．

8. 電子間の相互作用の影響

2個の電子がともに He$^+$ の 1s 軌道になっているとすると，それぞれの電子のエネルギー固有値は(8・5)式で表されるから，

$$\varepsilon_1 = -\frac{4e^2}{8\pi\varepsilon_0 a_0} \quad \text{および} \quad \varepsilon_2 = -\frac{4e^2}{8\pi\varepsilon_0 a_0} \tag{8・17}$$

であり，He 原子のエネルギー固有値は，

$$E = \varepsilon_1 + \varepsilon_2 = -\frac{4e^2}{8\pi\varepsilon_0 a_0} - \frac{4e^2}{8\pi\varepsilon_0 a_0} = -\frac{8e^2}{8\pi\varepsilon_0 a_0} \tag{8・18}$$

となる．また，それぞれの電子の 1s 軌道の波動関数は(8・6)式より，

$$\varphi_1 = \left(\frac{1}{\pi}\right)^{\frac{1}{2}} \left(\frac{2}{a_0}\right)^{\frac{3}{2}} \exp\left(-\frac{2r_1}{a_0}\right) \quad \text{および} \quad \varphi_2 = \left(\frac{1}{\pi}\right)^{\frac{1}{2}} \left(\frac{2}{a_0}\right)^{\frac{3}{2}} \exp\left(-\frac{2r_2}{a_0}\right) \tag{8・19}$$

だから，He 原子の波動関数は次のようになる．

$$\psi = \varphi_1 \varphi_2 = \left(\frac{1}{\pi}\right) \left(\frac{2}{a_0}\right)^3 \exp\left(-\frac{2r_1}{a_0}\right) \exp\left(-\frac{2r_2}{a_0}\right) \tag{8・20}$$

8・3 遮蔽効果と有効核電荷

前節では電子間の静電斥力が全くないと仮定して，He$^+$ の波動関数とエネルギー固有値を使って，He 原子の波動関数とエネルギー固有値を求めた．しかし，実際には電子間の静電斥力を無視することはできない．そこで，次のような二つの極端な状況を考えてみる．一つは，電子2が原子核のすぐそばにいて，電子1からみると，電子2と原子核が一体となって電子1に影響を及ぼす場合である〔図 8・4(a)〕．この場合には，電子1は原子核の電荷を $+2e$ ではなく $+1e$ と感じる．電子1と電子2が逆の立場でも同じことがいえるので，この場合のポテンシャルエネルギーの演算子 $\hat{U}$ は，(8・11)式の代わりに，

図 8・4　電子2の位置に依存する電子1と原子核の静電引力

8・3 遮蔽効果と有効核電荷

$$\hat{U} = -\frac{e^2}{4\pi\varepsilon_0 r_1} - \frac{e^2}{4\pi\varepsilon_0 r_2} \qquad (8\cdot21)$$

となる．それぞれの電子のポテンシャルエネルギーの演算子は，(2・7)式に示したH原子のポテンシャルエネルギーの演算子と同じである．

しかし，実際には，電子2は常に原子核と一体になっているわけではなく，原子核から遠くに離れたりもする〔図8・4(b)〕．この場合には，電子1は電子2の影響を受けずに原子核の電荷を $+2e$ と感じる．つまり，ポテンシャルエネルギーは電子間の静電斥力を無視したポテンシャルエネルギーの式〔(8・12)式〕と同じである．(8・21)式と(8・12)式の違いは，原子核の電荷を $+1e$ と感じるか $+2e$ と感じるかの違いである．実際には，電子2は波動関数の2乗に従って空間のどこにでも存在できるから，あるときには原子核に近づき，あるときには原子核から離れていると思われる．つまり，電子1が感じる原子核の電荷は $+1e$ よりも大きく，$+2e$ よりも小さい値である．電子1からみて，電子2のために原子核の電荷が薄まってみえる効果を遮蔽効果という．

He原子の1s軌道の場合には，電子2のために原子核の電荷が $+1.704e$ ぐらいに感じる．これを有効核電荷という*．そうすると，He原子のポテンシャルエネルギーの演算子 $\hat{U}$ は(8・21)式の代わりに，

$$\hat{U} = -\frac{1.704 e^2}{4\pi\varepsilon_0 r_1} - \frac{1.704 e^2}{4\pi\varepsilon_0 r_2} \qquad (8\cdot22)$$

となる．こうして，H原子で得られた結果の e^2 を $1.704 e^2$ に換え，a_0 を $a_0/1.704$ に換えれば，He原子の結果が得られる．He原子のそれぞれの電子の1s軌道のエネルギー固有値は次のようになる．

$$\varepsilon_1 = -\frac{(1.704)^2 e^2}{8\pi\varepsilon_0 a_0} \quad \text{および} \quad \varepsilon_2 = -\frac{(1.704)^2 e^2}{8\pi\varepsilon_0 a_0} \qquad (8\cdot23)$$

また，He原子のそれぞれの電子の1s軌道の波動関数は次のようになる．

$$\varphi_1 = \left(\frac{1}{\pi}\right)^{\frac{1}{2}} \left(\frac{1.704}{a_0}\right)^{\frac{3}{2}} \exp\left(-\frac{1.704 r_1}{a_0}\right) \quad \text{および}$$

$$\varphi_2 = \left(\frac{1}{\pi}\right)^{\frac{1}{2}} \left(\frac{1.704}{a_0}\right)^{\frac{3}{2}} \exp\left(-\frac{1.704 r_2}{a_0}\right) \qquad (8\cdot24)$$

---

* 有効核電荷は変分法や摂動法を使って計算で求めることができる〔原田義也，"量子化学 上・下"，裳華房(2007)参照〕．ここでは，実験で求められたエネルギーの値に一致するように，$+1.704e$ という値を用いて説明する．

8・4　H, He$^+$, He のエネルギー固有値の比較

同じ 1s 軌道のエネルギー固有値でも，H 原子と He$^+$ と He 原子では値が異なることがわかった．それぞれのエネルギー準位を図 8・5 に示す．○ は電子を表し，He 原子では電子が 2 個なので ○ を二つ描いた．He$^+$ と He 原子が H 原子よりもエネルギーが低い理由は，原子核の電荷が 2 倍であり，電子と原子核の間の静電引力が強いからである．He 原子のエネルギーが He$^+$ よりも高い理由は，別の電子による遮蔽効果のために，原子核の電荷が $+2e$ よりも薄まって感じるからである．ただし，He 原子には 2 個の電子があるので，He 原子の全エネルギーは He$^+$ よりも低くなる．

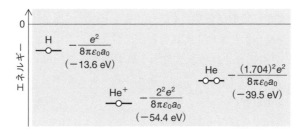

図 8・5　1s 軌道のエネルギー準位の比較（○ は電子を表す）

原子にエネルギーを与えて，電子が原子核の束縛（静電引力）から逃れて自由になることをイオン化という．また，イオン化に必要なエネルギーをイオン化エネルギーといい，たとえば，H 原子の場合（H → H$^+$ + e）には，イオン化エネルギーは 1s 軌道のエネルギー固有値（$-e^2/8\pi\varepsilon_0 a_0$）の大きさに一致する．電気素量 e，真空の誘電率 ε_0，ボーア半径 a_0 などの値（表 1・4）を使って計算すると，H 原子のイオン化エネルギーの値は 13.6 eV である．eV は 1 個の電子を 1 V で加速したときのエネルギーを表す単位であり，約 1.602×10^{-19} J のことである．

He$^+$ のイオン化（He$^+$ → He^{2+} + e）のエネルギーは，H 原子のイオン化エネルギーの 4 倍だから 54.4 eV（= 4×13.6 eV）である．それでは，He 原子のイオン化エネルギーはどのようになっているだろうか．この場合には，1 個の電子を放出するイオン化（He → He$^+$ + e）のエネルギーと，2 個の電子を放出するイオン化（He → He^{2+} + 2e）の 2 種類を考える必要がある．1 個の電子を放出する場合には，He 原子のエネルギー固有値の大きさ（2×1.704^2×13.6 =

$2\times39.5 = 79.0\,\mathrm{eV}$）と He^+ のエネルギー固有値の大きさ $54.4\,\mathrm{eV}$ の差をとればよいから，$24.6\,\mathrm{eV}$ である．これを第一イオン化エネルギーという．

$$\mathrm{He} \rightarrow \mathrm{He}^+ + e \quad 第一イオン化エネルギー = 24.6\,\mathrm{eV} \quad (8\cdot25)$$

図 $8\cdot5$ をみると，電子1も電子2もエネルギー固有値の大きさは同じだから，2個目の電子のイオン化も同じ値になると思うかもしれないが，そうではない．He 原子から1個目の電子が放出されると，He 原子の波動関数とエネルギー固有値は He^+ の波動関数とエネルギー固有値に変わる．第一イオン化が進むにつれて，He 原子の波動方程式が He^+ の波動方程式に変化すると考えればよい．したがって，2個目の電子を放出するイオン化（$\mathrm{He}^+ \rightarrow \mathrm{He}^{2+} + e$）のエネルギーは He^+ のエネルギー固有値の大きさ $54.4\,\mathrm{eV}$ である．

$$\mathrm{He}^+ \rightarrow \mathrm{He}^{2+} + e \quad 第二イオン化エネルギー = 54.4\,\mathrm{eV} \quad (8\cdot26)$$

当たり前の話だが，第一イオン化エネルギーと第二イオン化エネルギーを足し算すれば，He 原子のエネルギー固有値の大きさ（$39.5\,\mathrm{eV}\times2$）となる．

$$\mathrm{He} \rightarrow \mathrm{He}^{2+} + 2e \quad イオン化エネルギー = 79.0\,\mathrm{eV} \quad (8\cdot27)$$

どうして，第一イオン化エネルギーが第二イオン化エネルギーよりも小さいかというと，別の電子による遮蔽効果のためである．第一イオン化では，別の電子のために原子核の電荷を $+2e$ よりも小さいと感じ，したがって，原子核による束縛が小さく，原子核から容易に自由になることができる．

8・5　2s 軌道と 2p 軌道の遮蔽効果の比較

スピン-軌道相互作用を考えなければ，H 原子のエネルギー固有値は主量子数 n のみに依存すると説明した（4章参照）．しかし，He 原子のエネルギー固有値は主量子数 n だけではなく，方位量子数 l にも依存する．その原因はそれぞれの軌道の遮蔽効果が異なるからである．

今，He 原子の電子1が 2s 軌道になっているとしよう〔図 $8\cdot6(\mathrm{a})$〕．電子1の波動関数は球対称であり，どちらの方向にも同じような存在確率がある．一方，電子1が $2\mathrm{p}_x$ 軌道になっているとすると，その存在確率は x 軸方向にかたよっている．x 軸に対して垂直な平面（yz 平面）は節面であり，電子1の存在確率は0である．そうすると，yz 平面上の電子2は電子1にあまり反発されずに，原点にある原子核に近づくことができる〔図 $8\cdot6(\mathrm{b})$〕．電子2が原子核に近づけば，電子1は電子2による遮蔽効果を強く受ける．つまり，球対称の存在確率をもつ 2s 軌道よりも，軸対称の存在確率をもつ 2p 軌道の遮蔽効果のほ

うが大きく，原子核の電荷を小さく感じる．原子核の電荷を小さく感じれば静電引力が小さいので，結果的に 2p 軌道のエネルギー準位は 2s 軌道のエネルギー準位よりも高くなる．

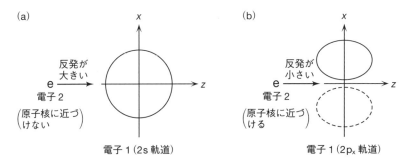

図 8・6　方位量子数の違いによる遮蔽効果の違い（2s 軌道と 2p 軌道）

詳しいことは省略するが，遮蔽効果の違いのために 3s 軌道よりも 3p 軌道のほうが，3p 軌道よりも 3d 軌道のほうがエネルギーは高くなる．方位量子数 l が大きくなるにつれて，電子が原子核から離れて存在する確率が大きくなり，別の電子が原子核に近づくことによる遮蔽効果が大きくなるという意味である．遮蔽効果を考慮した He 原子のそれぞれの軌道のエネルギー準位を図 8・7 (a) に示す．ただし，相対的な位置関係（順番）だけを示し，また，スピン角運動量は考慮していない（複数の電子のスピン-軌道相互作用については，9 章で説明）．なお，方位量子数 l に関する縮重（つまり，2s 軌道と 2p 軌道のエネ

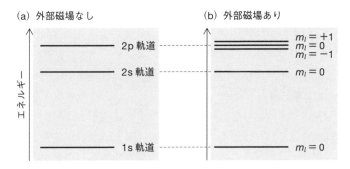

図 8・7　ヘリウム原子のエネルギー準位（遮蔽効果を考慮）

ギー固有値が等しいこと）はなくなるが，磁気量子数 m_l に関する縮重はなくならない．$2p_x$ 軌道も $2p_y$ 軌道も $2p_z$ 軌道も方向が異なるだけで，遮蔽効果は変わらないからである．ただし，外部磁場のなかの He 原子では，s 軌道のエネルギー準位は分裂しないが，2p 軌道のエネルギー準位は磁気量子数 m_l の値に従って三つに分裂する〔図 8・7(b)〕．もちろん，スピン角運動量を考慮した電子状態のエネルギー準位は，さらに分裂する（図 9・4 参照）．

章末問題

8・1　表 5・1 を参考にして，He^+ の 2s 軌道の波動関数を求めよ．

8・2　He^+ の 1s 軌道の動径分布関数〔(8・7)式〕を使って，その電子の存在確率の極大を示す半径が $a_0/2$ であることを示せ．

8・3　Li^{2+} の波動方程式をたてよ．

8・4　電子間の静電斥力を無視して，電子 1 が 1s 軌道になり，電子 2 が 2s 軌道になっている場合の He 原子の波動関数を求めよ．

8・5　問題 8・4 のエネルギー固有値を求めよ．

8・6　電磁波を吸収して H 原子がイオン化したとする．電磁波の波長は何 nm よりも短くなければならないか．必要があれば表 1・4 の値を用いよ．

8・7　有効核電荷を使って，最も安定な He 原子（2 個の電子が 1s 軌道になっている状態）の波動関数を求めよ．

8・8　He 原子で，1s 軌道の遮蔽効果と 2s 軌道の遮蔽効果を比べると，どちらが大きいと考えられるか．

8・9　Li^{2+} のイオン化エネルギーは何 eV か．

8・10　He 原子で，主量子数 n が 3 の軌道のエネルギー準位は遮蔽効果によっていくつに分裂するか．また，外部磁場のなかではいくつに分裂するか．ただし，スピン角運動量を考慮しなくてよい．

9

パウリの排他原理と
フントの規則

> ヘリウム原子には2個の電子があるから，軌道角運動量もスピン角運動量もそれぞれ二つを考慮しなければならない．原子のなかに4個の磁石があるようなものである．水素原子の場合と同様に，四つの角運動量ベクトルの和をつくって電子状態を考える．電子状態のエネルギー準位の順番は，パウリの排他原理とフントの規則で決まる．

9・1 全軌道角運動量と全スピン角運動量

H原子では，方位量子数 l が0である s 軌道のエネルギー準位も，スピン角運動量を考えると磁気量子数 m_s の違い（$-1/2$ か $+1/2$ か）によって，外部磁場のなかでは二つに分裂した（図7・4参照）．一方，方位量子数 l が1であるp 軌道のエネルギー準位は，スピン-軌道相互作用のために，外部磁場がなくても合成角運動量の量子数 j に従って分裂した〔図7・6(a)参照〕．一方，He 原子には2個の電子が含まれるので（図9・1），スピン-軌道相互作用のほかに，二つの軌道角運動量（l_1 と l_2）の相互作用や二つのスピン角運動量（s_1 と s_2）の相互作用も考慮しなければならない（ここでは，核のスピン角運動量との相互作用については省略）．He 原子では四つの角運動量を扱わなければならないので，結構，複雑そうに思えるが，ベクトル和の考え方を踏襲すれば，それほどむずかしくはない（§7・4参照）．まずは，電子1の軌道角運動量 l_1 と電子

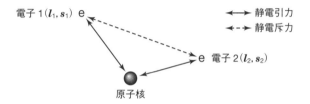

図 9・1　ヘリウム原子の2個の電子の軌道角運動量とスピン角運動量

9・1 全軌道角運動量と全スピン角運動量

2の軌道角運動量 l_2 のベクトル和 L を考えることにする.

それぞれの電子の軌道角運動量のベクトル和 L を全軌道角運動量とよぶ.

$$L = l_1 + l_2 \tag{9・1}$$

全軌道角運動量の量子数 L の最大値は l_1 と l_2 が同じ方向を向いた場合であり,その量子数は l_1+l_2 となる(図7・5参照).一方,最小値は l_1 と l_2 が逆の方向を向いた場合であり,量子数は $|l_1-l_2|$ となる.どうして絶対値をつけたかというと,一般には,l_1 と l_2 のどちらの量子数が大きいかは決まっていないからである.結局,2個の電子の全軌道角運動量の量子数 L は,

$$L = |l_1-l_2|, \cdots, l_1+l_2 \tag{9・2}$$

となる.また,全軌道角運動量の磁気量子数も角運動量の性質から,

$$M_L = -L, \cdots, +L \tag{9・3}$$

と定義できる(表7・1参照).あるいは,それぞれの電子の軌道角運動量の磁気量子数 m_{l1} と m_{l2} の和で表すと,次のようになる.

$$M_L = m_{l1} + m_{l2} \tag{9・4}$$

同様にして,全スピン角運動量 S を考えることができる.電子1と電子2のそれぞれのスピン角運動量を s_1 と s_2 とすれば,全スピン角運動量 S は,

$$S = s_1 + s_2 \tag{9・5}$$

となる.また,全スピン角運動量の量子数 S およびその磁気量子数 M_S は,

$$S = |s_1-s_2|, \cdots, s_1+s_2 \tag{9・6}$$

$$M_S = -S, \cdots, +S \tag{9・7}$$

となる.あるいは,磁気量子数 M_S はそれぞれの電子のスピン角運動量の磁気量子数 m_{s1} と m_{s2} の和だから,次のようになる.

$$M_S = m_{s1} + m_{s2} \tag{9・8}$$

合成全角運動量 J に関しても,これまでのベクトル和の考え方を踏襲すれば,次のように定義できる*.

$$J = L+S \tag{9・9}$$

$$J = |L-S|, \cdots, L+S \tag{9・10}$$

$$M_J = -J, \cdots, +J \tag{9・11}$$

---

* 全軌道角運動量 L と全スピン角運動量 S を別々につくり,その後で合成全角運動量 J をつくる考え方を LS 結合という.一方,それぞれの電子の合成角運動量 j を先につくり,その後で全合成角運動量をつくる考え方を jj 結合という.ヘリウムのような軽い(電子数の少ない)原子では LS 結合がよい近似で,重い(電子数の多い)原子では jj 結合がよい近似と考えられている.

9・2 電子基底状態と電子励起状態の名前

たとえば，He原子の2個の電子が最も安定な1s軌道になっていたとしよう．この電子配置を$(1s)^2$と表現する．この場合のそれぞれの電子の量子数は，

電子1(1s)： $n = 1, l = 0, m_l = 0, s = 1/2, m_s = -1/2, +1/2$ (9・12)

電子2(1s)： $n = 1, l = 0, m_l = 0, s = 1/2, m_s = -1/2, +1/2$ (9・13)

となる．したがって，電子配置が$(1s)^2$の全軌道角運動量の量子数Lと磁気量子数M_Lは，

$$L = 0+0 = 0, \quad M_L = 0 \qquad (9・14)$$

となる．一方，全スピン角運動量の量子数Sは，電子のスピン角運動量の量子数sが常に1/2と決まっているので，最小値は$1/2 - 1/2 = 0$で，最大値は$1/2 + 1/2 = 1$である．前者は2個の電子のスピン角運動量ベクトルsが逆の向きであり，後者は同じ向きである．そして，最小値と最大値の間隔がすでに1なので，量子数の可能性は0と1しかない．(9・7)式を使えば，それぞれの全スピン角運動量の磁気量子数M_Sは次のようになる．

$$S = 0 のとき \quad M_S = 0 \qquad (9・15)$$
$$S = 1 のとき \quad M_S = -1, 0, +1 \qquad (9・16)$$

ここで注意しなければならないことがある．§1・2で説明したように，電子は素粒子である．素粒子はその性質から2種類に分類される．一つは光子に代表されるボース粒子で，スピン角運動量の量子数は整数であり，複数のボース粒子はすべての量子数が同じ状態になることができるという特徴がある．一方，電子，陽子，中性子などで代表されるフェルミ粒子は，スピン角運動量の量子数が半整数で，"複数のフェルミ粒子はすべての量子数が同じ状態になれない"という厳しい制限がある．これをパウリの排他原理という．

そうすると，He原子のなかの2個の電子はフェルミ粒子なので，五つの量子数n, l, m_l, s, m_sのいずれかは異ならなければならない．(9・12)式と(9・13)式では，スピン角運動量の磁気量子数m_sは"$-1/2, +1/2$"と書いたが，それぞれの電子の四つの量子数n, l, m_l, sが同じなので，残りのm_sは"電子1が$-1/2$ならば電子2は$+1/2$であり，電子1が$+1/2$ならば電子2は$-1/2$でなければならない"という制限がある．つまり，(9・8)式からわかるように，いずれの場合も全スピン角運動量の磁気量子数M_Sは0でなければならない．そうすると，(9・15)式は許されるが，$M_S = \pm 1$を含む(9・16)式はありえないことになる．結局，He原子の最も安定な$(1s)^2$の電子配置の全角運動量の量子

9・2 電子基底状態と電子励起状態の名前

数は，$L=0$，$M_L=0$，$S=0$，$M_S=0$ となる．つまり，S は最小値の 0 だから，それぞれの電子のスピン角運動量 s_1 と s_2 は逆向きになる必要がある（図9・2）．図9・2のエネルギー準位では，電子を ○ で表し，スピン角運動量 s の向き（m_s の $\pm$ の符号ではない）を太い矢印で逆向きに描いた．

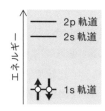

図 9・2　ヘリウム原子のエネルギー準位と $(1s)^2$ の電子配置

次に，電子配置が $(1s)^2$ の状態の合成全角運動量 J を考えてみよう．$L=0$，$S=0$ だから，(9・10)式から $J=0$ であり，(9・11)式から $M_J=0$ となる．電子配置が $(1s)^2$ の最も安定な電子状態（これを電子基底状態という）の名前は $^1S_0$ である（§7・5参照）．左上の添え字の1は M_S が1種類（$M_S=0$）であることを表す（これを一重項という）*．アルファベットのSは $L=0$ を表す（量子数のSと間違えないこと）．また，右下の0は $J=0$ であることを表す．

同じ He 原子でも，エネルギーを与えるとエネルギーリッチな He 原子ができる．たとえば，電子1が 1s 軌道で電子2が 2s 軌道の電子配置 $(1s)^1(2s)^1$ である（図9・3）．このようなエネルギーリッチな状態を電子励起状態といい，不安定な状態である．ふつうはただちに電磁波を放射して電子基底状態に戻る．電子配置が $(1s)^1(2s)^1$ の状態の量子数がどのようになっているかを調べてみよう．

電子1(1s)：$n=1$，$l=0$，$m_l=0$，$s=1/2$，$m_s=-1/2,+1/2$　　(9・17)

電子2(2s)：$n=2$，$l=0$，$m_l=0$，$s=1/2$，$m_s=-1/2,+1/2$　　(9・18)

電子配置が $(1s)^2$ の場合にはそれぞれの電子の量子数 n，l，m_l，s が同じだったので，パウリの排他原理の制限のために，残りの量子数 m_s は必ず異ならなければならなかった（$M_S=0$）．その結果，$S=1$ の可能性はなかった．しかし，電子配置が $(1s)^1(2s)^1$ の場合には，二つの電子の主量子数 n がすでに異なるの

---

* M_S の種類の数をスピン多重度とよぶ．全スピン角運動量の量子数 S を使って $2S+1$ で計算できる．H 原子の場合には電子が1個なので S は常に $1/2$ であり，必ず M_S が $-1/2$ と $+1/2$ の2種類があり，H 原子の電子状態はすべて二重項である（§7・5参照）．

で，スピン角運動量の磁気量子数 m_s は同じでも異なっても構わない．つまり，M_S は 0 でも ±1 でも許され，その結果，全スピン角運動量の量子数 S は 0 でも 1 でも許される．つまり，次の 2 種類の電子状態が可能となる．

$$L=0,\ M_L=0,\ S=0,\ M_S=0,\ J=0,\ M_J=0 \tag{9・19}$$
$$L=0,\ M_L=0,\ S=1,\ M_S=-1,0,+1,\ J=1,\ M_J=-1,0,+1 \tag{9・20}$$

これまでの規則に従って名前をつければ，(9・19)式の電子励起状態は電子基底状態と同じ $^1S_0$ であり，一重項である〔図9・3(a)〕．両者を区別するために，かりに電子基底状態を 1^1S_0，電子励起状態を 2^1S_0 と名づける（正式な命名法は II 巻 9 章参照）．また，(9・20)式の電子励起状態は三重項であり，2^3S_1 と名づける〔図9・3(b)〕．$\hat{S}_z$ の固有値が 3 種類 ($-\hbar,\ 0,\ \hbar$) あるから三重項である ($2S+1=2\times1+1=3$)．

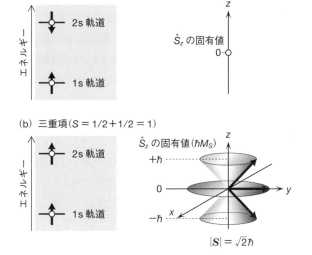

図 9・3 ヘリウム原子のエネルギー準位と $(1s)^1(2s)^1$ の電子配置
($\hat{S}_z$ の固有値については図 7・3 参照)

9・3 一重項と三重項のスピン関数

一重項の電子状態 2^1S_0 と三重項の電子状態 2^3S_1 の違いをスピン角運動量の波動関数（スピン関数とよぶ）で考えてみよう．ただし，関数の具体的な形は

9・3 一重項と三重項のスピン関数

わからないので,磁気量子数 m_s が $+1/2$ のスピン関数を α,$-1/2$ のスピン関数を β として説明する.電子状態が $(1s)^1(2s)^1$ の場合には,電子1も電子2も磁気量子数 m_s は $-1/2$ または $+1/2$ の2種類の可能性があるから,組合せは4通りとなる(パウリの排他原理は無関係).He 原子のスピン関数 Σ はそれぞれの電子のスピン関数の積で表されるから(§8・2参照),

$$\Sigma = \alpha_1\alpha_2 \quad (M_S = 1/2+1/2 = +1) \quad (9・21)$$
$$\Sigma = \alpha_1\beta_2 \quad (M_S = 1/2-1/2 = 0) \quad (9・22)$$
$$\Sigma = \beta_1\alpha_2 \quad (M_S = -1/2+1/2 = 0) \quad (9・23)$$
$$\Sigma = \beta_1\beta_2 \quad (M_S = -1/2-1/2 = -1) \quad (9・24)$$

となる.スピン関数 α と β の右下の数字は電子1であるか,電子2であるかを表す.たとえば,$\alpha_1\beta_2$ は電子1の m_s が $+1/2$,電子2の m_s が $-1/2$ である.$M_S = 0$ が二つある〔(9・22)式と(9・23)式〕が,どちらが一重項で,どちらが三重項かを決めることはできない.その理由を以下に示す.

電子1と電子2は実際には区別できないから,名前を入れ替えても波動関数 Σ は,符号以外は変わらないはずである(符号が変わっても波動関数を2乗すれば同じになる).符号が正のまま変わらない関数を対称関数,符号が負に変わる関数を反対称関数という.電子1と電子2を入れ替える演算子を $\hat{A}$ で表せば,(9・21)式〜(9・24)式は1と2の入れ替えによって,

$$\hat{A}\alpha_1\alpha_2 = \alpha_2\alpha_1 \quad (M_S = +1) \quad (9・25)$$
$$\hat{A}\alpha_1\beta_2 = \alpha_2\beta_1 \quad (M_S = 0) \quad (9・26)$$
$$\hat{A}\beta_1\alpha_2 = \beta_2\alpha_1 \quad (M_S = 0) \quad (9・27)$$
$$\hat{A}\beta_1\beta_2 = \beta_2\beta_1 \quad (M_S = -1) \quad (9・28)$$

となる.(9・25)式および(9・28)式の右辺は,電子1のスピン関数を先に書けば,もとの関数と同じ形($\alpha_2\alpha_1 = \alpha_1\alpha_2$ および $\beta_2\beta_1 = \beta_1\beta_2$)だから,対称関数である.しかし,(9・26)式と(9・27)式の右辺は $\alpha_2\beta_1 = \beta_1\alpha_2 \neq \alpha_1\beta_2$ および $\beta_2\alpha_1 = \alpha_1\beta_2 \neq \beta_1\alpha_2$ だから,どちらも対称関数でも反対称関数でもない.そこで,$\alpha_1\beta_2$ と $\beta_1\alpha_2$ の直交変換を行なってから(§5・5の $2p_x$ 軌道と $2p_y$ 軌道の考え方と同じ),1と2を入れ替えることにする.

$$\hat{A}\left\{\frac{1}{\sqrt{2}}(\alpha_1\beta_2 + \beta_1\alpha_2)\right\} = \frac{1}{\sqrt{2}}(\alpha_2\beta_1 + \beta_2\alpha_1) \quad (M_S = 0) \quad (9・29)$$

$$\hat{A}\left\{\frac{1}{\sqrt{2}}(\alpha_1\beta_2 - \beta_1\alpha_2)\right\} = \frac{1}{\sqrt{2}}(\alpha_2\beta_1 - \beta_2\alpha_1) \quad (M_S = 0) \quad (9・30)$$

係数の $1/\sqrt{2}$ は変換行列の要素である〔(5・20)式参照〕.(9・29)式の右辺は電子 1 のスピン関数を先に書いて項の順番を変えれば,演算する前と同じになるから対称関数である.結局,対称関数は次の三つである.

$$\left.\begin{array}{ll} \alpha_1\alpha_2 & (M_S = +1) \\ \dfrac{1}{\sqrt{2}}(\alpha_1\beta_2 + \beta_1\alpha_2) & (M_S = 0) \\ \beta_1\beta_2 & (M_S = -1) \end{array}\right\} \text{三重項} \quad (9\cdot31)$$

これらの三つの対称関数は $S=1$ の場合の $M_S=-1, 0, +1$ に対応し,三重項となる.

一方,(9・30)式の右辺は電子 1 のスピン関数を先に書けば,$(1/\sqrt{2})(\beta_1\alpha_2-\alpha_1\beta_2)$ となる.これを $-(1/\sqrt{2})(\alpha_1\beta_2-\beta_1\alpha_2)$ と書き直すと,演算する前の式の符号が変わるから,反対称関数である.この一つの反対称関数が一重項のスピン関数に対応する.

$$\dfrac{1}{\sqrt{2}}(\alpha_1\beta_2 - \beta_1\alpha_2) \quad (M_S = 0) \quad \text{一重項} \quad (9\cdot32)$$

電子配置が $(1s)^2$ の電子基底状態では,パウリの排他原理のために三重項の可能性はなかったが(§12・5 脚注参照),電子配置が $(1s)^1(2s)^1$ の電子状態では,主量子数 n が異なるのでパウリの排他原理は関係なく,三重項と一重項の両方が可能である.

9・4 エネルギー準位の順番を決めるフントの規則

少し複雑になるが,電子配置が $(1s)^1(2p)^1$ の電子励起状態を考えることもできる.この場合のそれぞれの電子の量子数は,

電子 1(1s): $n=1,\ l=0,\ m_l=0,\ s=1/2,\ m_s=-1/2, +1/2$ （9・33）

電子 2(2p): $n=2,\ l=1,\ m_l=-1, 0, +1,\ s=1/2,\ m_s=-1/2, +1/2$
$$(9\cdot34)$$

となる.全軌道角運動量の量子数 L は 0 と 1 を足し算して 1 である.また,全スピン角運動量の量子数 S は 0 または 1 となり,S が 0 の場合には $J=1$ となり,S が 1 の場合には $J=0, 1, 2$ となる.前者は S が 0 なので一重項であり,名前は 2^1P_1 である(かりに 2p 軌道の主量子数 2 をつけた).後者は S が 1 なので三重項であり,電子状態は J によって区別されて 2^3P_2,2^3P_1,2^3P_0 となる.

9・4 エネルギー準位の順番を決めるフントの規則

同じ電子配置から考えられるこれらの四つの電子励起状態のエネルギー準位の順番に関しては,経験的に次のフントの規則が知られている.

(1) スピン多重度 ($2S+1$) が大きいほどエネルギーは低い.
(2) スピン多重度が同じ電子状態では,全軌道角運動量の量子数 L が大きいほどエネルギーは低い.
(3) スピン多重度も量子数 L も同じ電子状態で,2p 軌道の電子が 3 個以下では,合成全角運動量の量子数 J が小さいほどエネルギーは低い.2p 軌道の電子が 4 個以上では,合成全角運動量の量子数 J が大きいほどエネルギーは低い.

そうすると,規則(1)に従って $2^3P_2, 2^3P_1, 2^3P_0$ のほうが 2^1P_1 よりもエネルギーは低い.また,2p 軌道の電子は 1 個(3 個以下)だから,規則(3)に従って 2^3P_2 よりも 2^3P_1 のほうが,2^3P_1 よりも 2^3P_0 のほうがエネルギーは低い.電子配置が $(1s)^1(2s)^1$ の二つの電子状態 2^1S_0 と 2^3S_1 についても,フントの規則(1)を適用すれば,2^1S_0 よりも 2^3S_1 のほうがエネルギーは低い.スピン-軌道相互作用を考慮した He 原子の電子状態のエネルギー準位を図 9・4(a) に示す.なお,外部磁場のなかの He 原子のエネルギー準位は,合成全角運動量の磁気量子数 M_J に従ってさらに分裂する.たとえば,2^3P_2 の電子状態では $J=2$ なので,$M_J = -2, -1, 0, +1, +2$ の五つに分裂する〔図 9・4(b)〕.

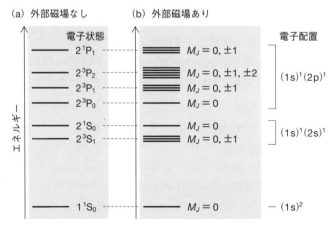

図 9・4 ヘリウム原子の電子状態のエネルギー準位(スピン-軌道相互作用を考慮)

9・5 許容遷移と禁制遷移

2章で,エネルギーリッチな H 原子は不安定であり,電磁波を放射して安定な電子基底状態に遷移することを説明した.同様に,電子励起状態の He 原子も電磁波を放射して,電子基底状態に遷移する.ただし,自由に遷移できるわけではなく,次のような条件がある.

(1) それぞれの電子の主量子数 n は変わっても変わらなくてもよい.
(2) 全軌道角運動量の量子数 L は変わらないか,1 だけ変わらなければならない.ただし,水素類似原子のように電子が1個の原子の場合には,必ず1だけ変わらなければならない.
(3) 全スピン角運動量の量子数 S は変わってはならない.
(4) 合成全角運動量の量子数 J は変わらないか,1 だけ変わらなければならない.ただし,$J=0$ の場合には1だけ変わらなければならない.

これらの条件は遷移する前と遷移したあとの波動関数の直交性や対称性に関係している.数学的に説明すれば,遷移できるためには,遷移する前の波動関数と遷移したあとの波動関数を掛け算して,全空間で積分したときの値が0にならないことが必要である(詳しくはⅡ巻2章参照).それぞれの波動関数が直交していたり,対称性が逆だったりすると,積分した値が0となって遷移できない.たとえば,三重項($S=1$)のスピン関数は対称関数であり,一重項($S=0$)のスピン関数は反対称関数なので,掛け算して積分すると値が0となってしまう.つまり,一重項と三重項の電子状態間では遷移ができない〔条件(3)〕.これは遷移するときにスピン角運動量 s の向きは変えられないという条件になる.条件(1)〜(4)のすべてを満たす遷移を許容遷移とよぶ.また,どれか一つでも条件を満たさない遷移を禁制遷移という*.図9・4で示した He 原子の電子状態間で,スピン多重度が変わらない遷移を調べると,次のようになる.

$2^1S_0 \to 1^1S_0$　禁制遷移〔条件(4)に違反〕　　$2^1P_1 \to 2^1S_0$　許容遷移
$2^1P_1 \to 1^1S_0$　許容遷移　　　　　　　　　　$2^3P_2 \to 2^3S_1$　許容遷移
$2^3P_1 \to 2^3S_1$　許容遷移　　　　　　　　　　$2^3P_0 \to 2^3S_1$　許容遷移
$2^3P_2 \to 2^3P_1$　許容遷移　　　　　　　　　　$2^3P_1 \to 2^3P_0$　許容遷移
$2^3P_2 \to 2^3P_0$　禁制遷移〔条件(4)に違反〕

---

* §7・5の脚注で,水素原子では $2^2S_{1/2} \to 1^2S_{1/2}$ は禁制のために発光しないと説明したが,条件(2)に反するからである.

電子励起状態の 2^1S_0 や 2^3S_1 はエネルギーリッチで不安定なはずであるが，電子基底状態に遷移できないので，原子どうしの衝突などが起きない限り，安定に存在する．このような電子状態を準安定状態とよぶ．

章末問題

電子配置が $(2p)^2$ の場合の He 原子の電子状態について，以下の問いに答えよ．

9・1 パウリの排他原理を無視し，図9・3を参考にして，すべてのスピン角運動量の向きの組合せを描け．ただし，$2p_x$ と $2p_y$ と $2p_z$ は区別しなくてよい．

9・2 問題9・1で，パウリの排他原理に反する組合せはどれか．最もエネルギーの低い組合せはどれか．

9・3 それぞれの電子の可能性のある量子数 n, l, m_l, s, m_s を答えよ．

9・4 可能性のある全角運動量の量子数 L と S を求めよ．

9・5 可能性のある全角運動量の磁気量子数 M_L と M_S を求めよ．

9・6 可能性のある全角運動量の量子数 L と S から，それぞれの合成全角運動量の量子数 J を求めよ．

9・7 可能性のある電子状態の名前をすべて答えよ．

9・8 フントの規則を使って，可能性のある電子状態のエネルギー準位の順番を求めよ．

9・9 可能性のある電子状態のそれぞれの M_J は何種類か．

9・10 電子基底状態への遷移が許容となる電子励起状態の名前を答えよ．

10
多電子原子の電子配置と電子状態

一般の原子にはたくさんの電子が含まれるが，その波動方程式を正確にたてることはできる．しかし，その方程式を解くことはできない．そこで，ヘリウム原子の波動関数とエネルギー固有値の求め方を一般の原子に拡張する．パウリの排他原理に基づいて電子を配置し，縮重した軌道にはフントの規則を考慮する．

10・1 多電子原子の波動方程式

ヘリウム He の次に複雑な原子はリチウム Li である．Li 原子には $+3e$ の電荷をもつ原子核と 3 個の電子がある（図 10・1）．He 原子の場合と同様に，原子核は電子に比べて重いので静止していると近似すると，3 個の電子の運動エネルギーの演算子 $\hat{T}$ はそれぞれの電子のラプラシアン ∇^2 を使って，

$$\hat{T} = -\frac{\hbar^2}{2m_e}(\nabla_1^2+\nabla_2^2+\nabla_3^2) = -\frac{\hbar^2}{2m_e}\sum_{i=1}^{3}\nabla_i^2 \quad (10\cdot1)$$

と書ける．一方，ポテンシャルエネルギーの演算子 $\hat{U}$ は，それぞれの電子の原子核からの距離を r_1, r_2, r_3，また，電子間の距離を r_{12}, r_{23}, r_{13} と定義すると，

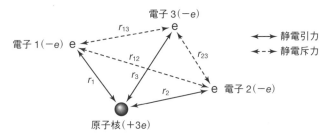

図 10・1 リチウム原子ではたらく静電力と座標

$$\hat{U} = -\frac{3e^2}{4\pi\varepsilon_0 r_1} - \frac{3e^2}{4\pi\varepsilon_0 r_2} - \frac{3e^2}{4\pi\varepsilon_0 r_3} + \frac{e^2}{4\pi\varepsilon_0 r_{12}} + \frac{e^2}{4\pi\varepsilon_0 r_{13}} + \frac{e^2}{4\pi\varepsilon_0 r_{23}}$$

$$= -\frac{3e^2}{4\pi\varepsilon_0}\sum_{i=1}^{3}\frac{1}{r_i} + \frac{e^2}{4\pi\varepsilon_0}\sum_{i<j}^{3}\frac{1}{r_{ij}} \quad (10\cdot 2)$$

となる.第1項は電子と原子核との静電引力に基づくポテンシャルエネルギーであり,係数の3は原子核の電荷が $+3e$ であることを表す.第2項は電子間の静電斥力に基づくポテンシャルエネルギーで,引力ではなく斥力なので正の符号になる.どうして和をとるときに $i<j$ にしたかというと,たとえば, r_{12} と r_{21} の両方を計算すると,同じものを二重に考慮してしまうことになるし,また,2個の電子間の静電斥力だから,たとえば, r_{11} などはありえないからである.こうして,Li 原子の波動方程式は次のようになる.

$$\left[-\frac{\hbar^2}{2m_e}\sum_{i=1}^{3}\nabla_i^2 - \frac{3e^2}{4\pi\varepsilon_0}\sum_{i=1}^{3}\frac{1}{r_i} + \frac{e^2}{4\pi\varepsilon_0}\sum_{i<j}^{3}\frac{1}{r_{ij}}\right]\psi = E\psi \quad (10\cdot 3)$$

原子番号 Z の一般の原子の波動方程式を求めたければ,原子核の電荷の $+3e$ を $+Ze$ に換えて,次のようにする.

$$\left[-\frac{\hbar^2}{2m_e}\sum_{i=1}^{Z}\nabla_i^2 - \frac{Ze^2}{4\pi\varepsilon_0}\sum_{i=1}^{Z}\frac{1}{r_i} + \frac{e^2}{4\pi\varepsilon_0}\sum_{i<j}^{Z}\frac{1}{r_{ij}}\right]\psi = E\psi \quad (10\cdot 4)$$

一般の原子の波動方程式(10・4)を正確にたてることができても,残念ながら,正確に解くことはできない.そこで,He 原子で説明したように(§8・3参照),電子間の静電斥力に基づくポテンシャルエネルギー(第3項)に消えてもらい,その代わりに有効核電荷 Z' を用いることにする.そうすると,一般の原子の波動方程式(10・4)は,

$$\left[\sum_{i=1}^{Z}\left(-\frac{\hbar^2}{2m_e}\nabla_i^2 - \frac{Z'e^2}{4\pi\varepsilon_0 r_i}\right)\right]\psi = E\psi \quad (10\cdot 5)$$

となる. i 番目の電子の演算子は水素類似原子の演算子と同じだから,エネルギー固有値はそれぞれの電子のエネルギー固有値の和となり,波動関数はそれぞれの電子の波動関数の積となる.このような扱いを1電子近似という.

10・2 多電子原子の電子配置

前節で説明したように,一般の原子のエネルギー固有値は近似的に水素類似原子のエネルギー固有値の和で,波動関数は水素類似原子の波動関数の積で表されることがわかった.つまり,一般の原子の電子も 1s 軌道,2s 軌道,2p 軌

道，… になっていると近似できる．ただし，それぞれの軌道の関数の形によって遮蔽効果は異なるので（§8・5参照），エネルギー固有値は主量子数 n だけではなく，方位量子数 l にも依存する．一般の原子の軌道のエネルギー固有値の順番を並べると，次のようになる．

$$1s < 2s < 2p < 3s < 3p < 4s \approx 3d < 4p \qquad (10 \cdot 6)$$

主量子数 n が小さいほどエネルギーが低くて安定である．次に，方位量子数 l が大きいほどエネルギーは高くて不安定である．方位量子数が大きくなると，電子の存在確率が原子核から離れて大きくなり，遮蔽効果が大きくなるからである（§8・5参照）．ただし，電子の数が増えると電子間の相互作用が複雑になり，元素によっては 3d 軌道と 4s 軌道のエネルギー固有値の順番は，逆転することもある*．とりあえず，以下の説明では 3d 軌道よりも 4s 軌道のほうが安定であると仮定する．なお，磁気量子数 m_l が異なっていても，主量子数と方位量子数が同じであればエネルギー固有値は同じであり，縮重したままである．一般の原子の軌道について，スピン-軌道相互作用を考慮しないエネルギー準位の順番（絶対値ではなく相対値）を図 10・2 に示す．p 軌道や d 軌道では，縮重した軌道の数がわかるように，その数だけ線を水平に並べた．また，近くにあるエネルギー準位を集めて，①～④の四つのグループに分けた．それぞれが周期表（裏表紙の見返し）の第 1 周期～第 4 周期に対応する．

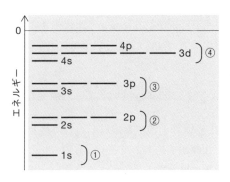

図 10・2 一般の原子のエネルギー準位（遮蔽効果を考慮）
（① などは周期表の周期の番号を表す）

---

* 最近の量子化学計算によれば，3d 軌道のほうが 4s 軌道よりも安定であるという結果も得られている．しかし，4s 軌道のエネルギーのほうが低いと仮定すると，実験結果をうまく説明できる場合が多い（18 章でもう一度説明する）．

10・3 第2周期の元素の電子配置

周期表の第2周期の元素（リチウム Li〜ネオン Ne）の電子配置を具体的に調べてみよう（図 10・3）．すでに述べたように，それぞれの元素は原子核の電荷や電子数が異なるので，軌道のエネルギー固有値（縦軸）の絶対値は大きく異なる．しかし，図 10・3 では，元素の電子配置を説明するために，軌道のエネルギー準位の順番だけを示している．なお，第2周期のすべての元素で，1s 軌道の2個の内殻電子はパウリの排他原理のために全軌道角運動量も全スピン角運動量も0であり，元素の化学的性質にほとんど影響を及ぼさないので，図 10・3 では省略した．

1s 軌道の2個の電子（電子対）を除くと，Li 原子の残りの電子は1個である．できるだけエネルギーの低い軌道になろうとするが，パウリの排他原理のために 1s 軌道にはなれない．そこで，次にエネルギーの低い 2s 軌道になる．対をつくっていないので不対電子という．不対電子をもつ原子を一般に遊離基（ラジカルまたはフリーラジカル）という．全スピン角運動量 S が 0 でないので，磁気量子数 M_S が 0 でない状態があり，磁石の性質をもつ（常磁性という）．一方，ベリリウム Be の電子は4個である．He 原子で説明したように，パウリの排他原理の制限があるので，2s 軌道の2個の電子のスピン角運動量 s の向きは逆になる．全スピン角運動量 S は 0 なので，その磁気量子数 M_S も 0 となり，磁石の性質が打消される（反磁性という）．

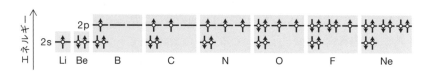

図 10・3　第2周期の元素のエネルギー準位と電子配置（1s 軌道は省略）

ホウ素 B の電子は5個である．そのうち4個の電子は Be 原子と同じように 1s 軌道と 2s 軌道で電子対になる．残りの1個は仕方がないので，次にエネルギーの低い 2p 軌道で不対電子となる．2p 軌道には3種類の軌道（$2p_x$, $2p_y$, $2p_z$ あるいは $m_l = -1, 0, +1$ の軌道）があるが，縮重しているのでどの軌道でも構わない．しかし，炭素 C では2個の電子が 2p 軌道になり，この場合には三つの可能性がある．一つの可能性は，同じ一つの 2p 軌道でスピン角運動量の向きを逆にして電子対になる電子配置〔図 10・4(a)〕である（同じ向きはパウ

リの排他原理に反する)．もう一つの可能性は三つの 2p 軌道のうち，異なる二つの 2p 軌道で不対電子になる電子配置である．この場合にはさらに二つの可能性がある〔図 10・4(b) と (c)〕．すでに 2 個の電子の軌道角運動量の磁気量子数 m_l が異なるので，スピン角運動量の向きが逆であっても同じであってもよい．ただし，フントの規則によれば，縮重した軌道がある場合には，できるだけスピン角運動量の向きをそろえて別々の軌道になるほうが安定である．つまり，一重項よりも三重項のほうが安定であり，図 10・4(c) が C 原子の最も安定な状態になる (§9・4 参照).

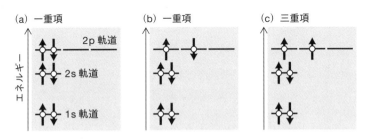

図 10・4 炭素原子のエネルギー準位と電子配置

　窒素 N では 2p 軌道の電子は 3 個である．そうすると，フントの規則に従って，三つの 2p 軌道でスピン角運動量の向きをそろえて不対電子になる．酸素 O ではさらに 1 個の電子が増えて 2p 軌道の電子が 4 個になる．この場合には一つの 2p 軌道が電子対になり，残りの 2 個の電子はフントの規則に従い，スピン角運動量の向きをそろえて異なる二つの 2p 軌道で不対電子になる．フッ素 F では 2p 軌道の電子は 5 個であり，一つの 2p 軌道だけが不対電子である．Ne 原子では 2p 軌道の電子は 6 個であり，三つの 2p 軌道で電子対になる．周期表の第 2 周期の元素は，図 10・2 の ② の 2s 軌道と 2p 軌道の電子数の違いを表す．つまり，2s 軌道と 2p 軌道の合わせて四つの軌道に 2 個ずつの電子が入る可能性があり，第 2 周期は合計 8 種類 ($=4×2$) の元素からなる．もちろん，第 1 周期 ① は合計 2 種類 ($=1×2$) の元素 (H 原子と He 原子) からなる．

10・4　第 3 周期，第 4 周期，第 5 周期の元素の電子配置

　それでは，周期表の第 3 周期はどのようになっているだろうか．図 10・2 では ③ の 3s 軌道と 3p 軌道の電子数の違いを第 3 周期としている．同じ主量子

数 n が3の3d軌道も同じ仲間になりそうだが，そうではない．すでに§10・2で説明したように，原子番号が大きくなって電子の数が増えると，遮蔽効果の違いによって，軌道のエネルギー固有値に大きな差ができる．その結果，3d軌道のエネルギー準位は4s軌道のエネルギー準位よりも高くなる．

第3周期が3s軌道と3p軌道の電子数の違いによるものならば，第2周期と同様に考えることができる．第3周期のすべての元素に共通の1s軌道，2s軌道，2p軌道を省略して電子配置を描くと，図10・5のようになる．電子配置は図10・3とそっくりである．単に，2s軌道と2p軌道の電子数の違いが3s軌道と3p軌道の違いになっただけである．したがって，第3周期の元素の種類も合計8種類である．内殻電子（第3周期では1s, 2s, 2p軌道）を除く電子（これを価電子という）の配置が同じ元素，たとえば，LiとNa，あるいはBeとMgなどを同族元素という．同族元素を縦の列に並べて，原子番号順に表にしたものが周期表である．

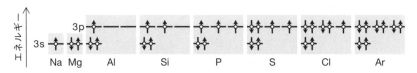

図 10・5　第3周期の元素のエネルギー準位と電子配置
（1s, 2s, 2p軌道は省略）

一方，第4周期ではカリウムK〜クリプトンKrの18種類の元素が並ぶ（図10・6）．その理由は，図10・2の④で示したとおり，第4周期が5種類の3d軌道，1種類の4s軌道，3種類の4p軌道の電子数の違いによるものだからである．それぞれの軌道に2個ずつの電子を考えれば，3d軌道は$5\times2=10$，4s軌道は$1\times2=2$，4p軌道は$3\times2=6$であり，合計18種類の元素からなること

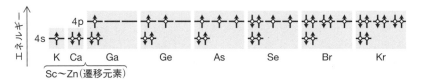

図 10・6　第4周期の元素のエネルギー準位と電子配置
（1s, 2s, 2p, 3s, 3p, 3d軌道は省略）

がわかる．カリウム K の価電子は 4s 軌道の 1 個だから Li, Na と同族元素（第1族）である．カルシウム Ca の価電子は 4s 軌道の 2 個だから Be, Mg と同族元素（第2族）である．第1族と第2族の違いは s 軌道の電子数の違いを表す．

スカンジウム Sc〜亜鉛 Zn の 10 種類の元素は，4s 軌道の 2 個の電子のほかに 3d 軌道に電子があり，遷移元素という．また，3d 軌道の電子の数が異なるこれら 10 種類の元素からなるグループを第1遷移元素系列という*．第1遷移元素系列の電子配置を図 10・7 に示す．なお，クロム Cr ではすべての d 軌道に 1 個ずつの電子があるほうが空間的な対称性がよく（電子の存在確率が球対称になり），エネルギーも安定化するので，4s 軌道の 1 個の電子が 3d 軌道になる．銅 Cu の電子配置も同様である．

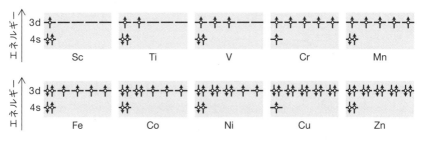

図 10・7　第1遷移元素系列のエネルギー準位と電子配置
（1s, 2s, 2p, 3s, 3p 軌道は省略）

第4周期では K, Ca と第1遷移元素系列（Sc〜Zn）のほかに，ガリウム Ga〜クリプトン Kr の 6 種類の元素がある（図 10・6）．これらの元素は 10 個の電子が d 軌道になっているので主要族元素とよぶ．d 軌道の電子が 0 個の K や Ca も主要族元素である．Ga〜Kr では 4p 軌道の電子が 1 個ずつ増える．遷移元素を除けば，第4周期の電子配置は第2周期（図 10・3）や第3周期（図 10・5）とそっくりである．主要族元素は単に s 軌道と p 軌道の電子数が異なるだけである．なお，第5周期には，ルビジウム Rb, ストロンチウム Sr とインジウム In〜キセノン Xe の 8 種類の主要族元素がある．また，4d 軌道の電子数だけが異なるイットリウム Y〜カドミウム Cd の 10 種類の元素があり，これらは第2

---

* Zn のような 12 族元素は，d 軌道の電子数が 10 個なので Ga〜Kr と同じ主要族元素であるが，単体（1種類の元素からなる物質）が金属の性質を示すので，遷移元素として説明されることが多い．

遷移元素系列とよばれる．

10・5 多電子原子の電子状態

第2周期の元素（Li~Ne）について，スピン-軌道相互作用を考慮した電子基底状態を考えてみよう．すでに§10・3で述べたように，1s軌道の2個の内殻電子は電子対であり，全軌道角運動量も全スピン角運動量も0である．したがって，2s軌道と2p軌道の価電子の角運動量のみを考えればよい．Li原子は1個の電子が2s軌道にあるので，その電子基底状態はH原子と同じ $^2S_{1/2}$ である．$L=0$, $S=1/2$, $J=1/2$ という意味である．Be原子では2個の電子が2s軌道にあるので，その電子基底状態はHe原子と同じ $^1S_0$ である．$L=0$, $S=0$, $J=0$ という意味である．B原子では，2s軌道の2個の電子は電子対であり，内殻電子と同様に全角運動量が0なので，2p軌道の1個の電子の角運動量を考えればよい．全角運動量の量子数は $L=1$, $S=1/2$, したがって，$J=1/2$ または3/2である．フントの規則(3)に従って J が小さい電子状態のエネルギー準位のほうが低い．B原子の電子基底状態は $^2P_{1/2}$ である．

C原子では2個の電子が2p軌道になっている．この場合は複雑なので，スレーター（J. C. Slater）が提案したダイヤグラムを利用することにする．このダイヤグラムは全軌道角運動量の磁気量子数 M_L を x 軸方向にとり，全スピン角運動量の磁気量子数 M_S を y 軸方向にとり，組合せの数を ○ で表して z 軸方向に積み上げる3次元ダイヤグラムである．まず，電子配置が$(2p)^2$ のそれぞれの電子の量子数を書きだすと，

電子1(2p): $n=2$, $l=1$, $m_l=-1, 0, +1$, $s=1/2$, $m_s=-1/2, +1/2$
(10・7)

電子2(2p): $n=2$, $l=1$, $m_l=-1, 0, +1$, $s=1/2$, $m_s=-1/2, +1/2$
(10・8)

となる．とりあえず，パウリの排他原理を無視すると，$L=0, 1, 2$ と $S=0, 1$ の可能性がある．$L=2$ の場合には $M_L=-2, -1, 0, +1, +2$ であり，$L=1$ の場合には $M_L=-1, 0, +1$, $L=0$ の場合には $M_L=0$ であり，合計9種類の可能性がある．一方，$S=1$ の場合には $M_S=-1, 0, +1$ であり，$S=0$ の場合は $M_S=0$ であり，合計4種類の可能性がある．つまり，スレーターのダイヤグラムでは36（=9×4）個の ○ を描くことになる〔図10・8(a)〕．このなかで ● はパウリの排他原理に反する組合せである．つまり，それぞれの電子の軌道角

運動量の磁気量子数が同じ（$M_L = -1-1 = -2$ または $0+0 = 0$ または $+1+1 = 2$）で，同時にスピン角運動量の磁気量子数も同じ（$M_S = -1/2-1/2 = -1$ または $+1/2+1/2 = 1$）6種類の組合せは取除かれる〔図 10・8(b)〕．

また，電子1と電子2はそもそも区別ができないから，それぞれの ○ の数を半分にすると図 10・8(c) となる．これを適当に分けると，M_L が1種類（つまり $L = 0$）の $^1S_0$，M_L が3種類（つまり $L = 1$）の ^3P（$^3P_2$, $^3P_1$, $^3P_0$），M_L が5種類（つまり $L = 2$）の $^1D_2$ の電子状態になる〔図 10・8(d)〕．それぞれの電子状態のスピン多重度は，それぞれの M_S の種類の数から決められる．つまり，図 10・8(d) で，○ の並びが1列（M_S が1種類）ならば一重項，3列（M_S が3種類）ならば三重項である．フントの規則(1)より，三重項の電子状態のエネルギーのほうが低く，また，フントの規則(3)より，J が小さいほどエネルギーが低い．結局，C原子の電子基底状態は $^3P_0$ である．なお，§9・3のスピン関数で説明したように，$^3P_0$ が図 10・8(d) の九つの ○ のどれかに対応しているわけではない．$^3P_0$ に対応させるためには ^3P のいくつかの ○ を組合せる必要がある．

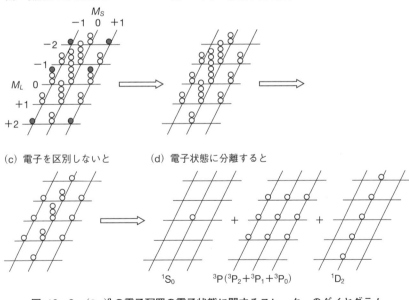

図 10・8　$(2p)^2$ の電子配置の電子状態に関するスレーターのダイヤグラム

N原子では3個の電子が2p軌道になる．フントの規則に従えば，できるだけ異なる軌道でスピン角運動量の向きをそろえるから，全スピン角運動量の量子数Sの最大値は3/2であり，スピン多重度$2S+1$は4である．スレーターのダイヤグラムを利用すると，N原子の電子基底状態は$^4S_{3/2}$であることがわかる〔三つの2p軌道は$m_l=0,\pm 1$である．ただし，パウリの排他原理により，M_Lが± 3になることはない（章末問題10・9，10・10参照）〕．O原子では，一つの2p軌道で対をつくる2個の電子は，全角運動量が0なので考える必要がなく，電子配置が$(2p)^2$のC原子の電子状態（$^3P_2$, $^3P_1$, $^3P_0$, $^1D_2$, $^1S_0$）と同じになる．ただし，C原子と異なり，2p軌道の電子が4個以上なので，フントの規則(3)により，O原子の電子基底状態は$^3P_2$である．F原子は電子配置が$(2p)^1$のB原子と同じ$^2P_{1/2}$と$^2P_{3/2}$が考えられるが，フントの規則(3)により，電子基底状態は$^2P_{3/2}$である．また，Ne原子はHe原子と同じ$^1S_0$である．

章末問題

10・1 Be原子の運動エネルギーの演算子を表す式を求めよ．

10・2 Be原子のポテンシャルエネルギーの演算子を表す式を求めよ．

10・3 Li原子の電子基底状態のエネルギー固有値を求めよ．ただし，1s軌道の有効核電荷を$Z_1{}'$，2s軌道の有効核電荷を$Z_2{}'$とする．

10・4 問題10・3のLi原子の波動関数を求めよ．

10・5 第1周期と第2周期の元素の電子基底状態を表にまとめよ．

10・6 パウリの排他原理を考えずに，He原子の電子配置が$(1s)^2$のスレーターのダイヤグラムを描け．

10・7 問題10・6で二つの電子状態に分けよ．

10・8 問題10・6でパウリの排他原理を考え，また，二つの電子は区別できないとすると，電子状態の名前はどうなるか．

10・9 N原子の電子配置が$(2p)^3$のスレーターのダイヤグラムを描け．ただし，パウリの排他原理を考え，2p軌道の三つの電子は区別できないとする．

10・10 問題10・9のダイヤグラムを三つの電子状態に分けよ．

第 II 部
分子の量子論

11
水素分子イオンとLCAO近似

> 原子と原子が近づいて化学結合ができれば分子になる．化学結合ができる理由は，それぞれの原子の軌道の波動関数が重なって分子軌道ができるからである．分子軌道には結合性軌道と反結合性軌道の2種類がある．結合性軌道のエネルギーは，ばらばらの原子の軌道のエネルギーよりも低く，安定である．

11・1 水素分子イオンの波動方程式

宇宙空間にはH原子が最も多く存在する（表1・1）．H原子とH原子が衝突して結合すればH_2分子ができるから，宇宙空間に最も多く存在する分子はH_2分子だと考えてよい．でも，どうしてH原子とH原子が近づくとH_2分子ができるのだろうか．これまでの考え方に基づけば，2個のH原子のエネルギーよりも，1個のH_2分子のエネルギーのほうが低くなければならない．もし，H_2分子のエネルギーのほうが低ければ，2個のH原子が衝突した際に，電磁波を放射するなどの方法によってエネルギーを放出して，安定なH_2分子になるはずである（$H + H \rightarrow H_2 +$ エネルギーの放出）．この章からは，分子の波動関数とエネルギー固有値を求めて，どうして，ばらばらの原子が結合して分子になるとエネルギーが下がるのか，量子論を使って考える．

まずは，H_2分子よりも簡単な水素分子イオンH_2^+について考える．H_2^+というのは，H_2分子から1個の電子を取除いた分子である（図11・1）．つまり，

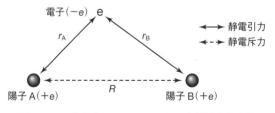

図11・1 水素分子イオンではたらく静電力と座標

2個の陽子（AとBと名づける）と1個の電子からなる分子である．2個の陽子間の距離をR，陽子Aから電子までの距離をr_A，陽子Bから電子までの距離をr_Bと定義すると，運動エネルギーTは古典力学では，

$$T = \frac{1}{2}M_N V_A^2 + \frac{1}{2}M_N V_B^2 + \frac{1}{2}m_e v^2 \tag{11・1}$$

となる．ここで，M_Nとm_eは陽子と電子の質量，V_AとV_Bとvは陽子Aと陽子Bと電子の速さである．H原子の波動方程式で仮定したように，$V_A^2 \approx V_B^2 \ll v^2$と近似すると，$H_2^+$の運動エネルギーはH原子の場合と同じになる．

$$T = \frac{1}{2}m_e v^2 \tag{11・2}$$

一方，ポテンシャルエネルギーUは電子と陽子との間の静電引力および陽子Aと陽子Bとの間の静電斥力に基づくものを考える必要がある．

$$U = -\frac{e^2}{4\pi\varepsilon_0 r_A} - \frac{e^2}{4\pi\varepsilon_0 r_B} + \frac{e^2}{4\pi\varepsilon_0 R} \tag{11・3}$$

静電引力の場合には符号が負，静電斥力の場合には符号が正となっている．こうして，H_2^+の波動方程式は演算子を使うと，

$$\left[-\frac{\hbar^2}{2m_e}\nabla^2 - \frac{e^2}{4\pi\varepsilon_0 r_A} - \frac{e^2}{4\pi\varepsilon_0 r_B} + \frac{e^2}{4\pi\varepsilon_0 R}\right]\psi = E\psi \tag{11・4}$$

となる．しかし，He原子の場合にも説明したように（§8・2参照），r_Aとr_BとRが独立な変数でないために（三体問題），この波動方程式を解くことができない．どうしたらよいだろうか．

11・2 原子軌道で分子軌道を近似する

とりあえず，電子が陽子Aの近くにいる場合を考えよう（図11・2）．このとき，陽子Bは電子から遠く離れているので電子に影響を及ぼさないと仮定する

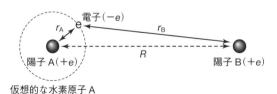

図 11・2 水素分子イオンの近似的な模型（H + H$^+$）

11・2 原子軌道で分子軌道を近似する

($r_A \ll r_B \approx R$). このことは波動方程式(11・4)の演算子で,陽子Bに関する第3項と第4項を無視することに相当する.そうすると,演算子の第1項と第2項のみが残り,これらは陽子Aを原子核とするH原子のハミルトン演算子〔(4・1)式〕と全く同じである.つまり,H_2^+の波動方程式は近似的にH原子の波動方程式と同じであり,軌道の波動関数もエネルギー固有値などもH原子のものと近似的に同じになる.

また,電子が陽子Bの近くにいる場合には陽子Aの存在を無視でき,電子と陽子BがH原子となる.このことを波動関数の言葉に直すと,電子が陽子Aの近くではH原子Aの波動関数(表5・1)で,電子が陽子Bの近くではH原子Bの波動関数で電子の存在確率を近似できるとなる.H原子Aの波動関数をχ_A,H原子Bの波動関数をχ_Bとして,それぞれの原子の波動関数を重ねてH_2^+の電子の存在確率を表す波動関数ψをつくってみよう[*1].ただし,重ねるときに注意することがある.§5・3で説明したように,原子の場合には波動関数χ_Aとχ_Bの符号に意味はない.しかし,分子になって二つの波動関数を重ねる場合には,それぞれの波動関数χ_Aとχ_Bの符号の相対的な関係に重要な意味が出る.同じ符号(正と正または負と負)で重なる同位相の波動関数をψ_+,異なる符号(正と負または負と正)で重なる逆位相の波動関数をψ_-とすると,

$$\psi_+ = N_+(\chi_A + \chi_B) \qquad (11\cdot 5)$$

$$\psi_- = N_-(\chi_A - \chi_B) \qquad (11\cdot 6)$$

となる.ここで,N_+とN_-は規格化定数であり(§4・2参照),具体的な式は§11・4で説明する[*2].

たとえば,H原子で最もエネルギーの低い1s軌道を考える.H_2^+の波動関数を立体的に描くと(図5・1参照),図11・3に示すように,陽子Aを中心とする球面と陽子Bを中心にする球面の重なりになる.陽子Aからの距離の座標r_Aは直交座標系の原点$(0,0,0)$を中心に,陽子Bからの距離の座標r_Bは$(0,0,R)$を中心に描いた.χ_Aとχ_Bがともに1s軌道の場合には,関数の形は同じで座標

[*1] 波動関数は池に二つの石を投げ入れたときにできる波紋のようなものである.石が陽子に相当する.それぞれの投げ入れた石でできる波紋は,もちろん,重なり合う.同時に投げ入れた石でできる波紋の重なりが同位相の波動関数に対応し,適当な時間差をつけて投げ入れた石でできる波紋の重なりが逆位相の波動関数に対応する〔(3・7)式参照〕.

[*2] He原子の場合(8章)には2個の電子の軌道の波動関数なので,それぞれの電子の波動関数を"掛け算"した.H_2^+の場合には1個の電子の空間的な波の重なりなので,それぞれの軌道の波動関数を"足し算"する.

の中心だけが異なる．したがって，1s 軌道の波動関数〔(5・6)式参照〕の重なりでできる同位相と逆位相の H_2^+ の波動関数は，具体的に，

$$\psi_+ = N_+\left\{\exp\left(-\frac{r_A}{a_0}\right) + \exp\left(-\frac{r_B}{a_0}\right)\right\} \quad (11 \cdot 7)$$

$$\psi_- = N_-\left\{\exp\left(-\frac{r_A}{a_0}\right) - \exp\left(-\frac{r_B}{a_0}\right)\right\} \quad (11 \cdot 8)$$

となる．分子の軌道を分子軌道（molecular orbital: MO）といい，原子の軌道を原子軌道（atomic orbital: AO）という．そして，原子軌道の線形結合（足し算や引き算すること）によって分子軌道を近似的に表す方法を LCAO（linear combination of atomic orbitals）近似という．

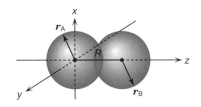

図 11・3　二つの原子軌道の重なりで表される水素分子イオンの分子軌道

11・3　結合性軌道と反結合性軌道

もう少し，わかりやすくするために，縦軸に波動関数の値をとり，z 軸方向（分子軸方向）だけに着目して（$x = y = 0$ として），波動関数がどのように変化するか，グラフを描いてみよう（図5・3参照）．どういうことかというと，原点にある陽子Aから電子までの距離 r_A は $(x^2+y^2+z^2)^{1/2}$ だから，$x = y = 0$ として r_A の代わりに $|z|$ とする．距離 r_A は常に正の値になるが，座標 z は正にも負にもなるので絶対値をつけた．また，陽子Bから電子までの距離 r_B は $(x^2+y^2+(R-z)^2)^{1/2}$ だから，$x = y = 0$ として r_B の代わりに $|R-z|$ とする．そうすると，(11・7)式と(11・8)式で表される ψ_+ と ψ_- は次のようになる．

$$\psi_+ = N_+\left\{\exp\left(-\frac{|z|}{a_0}\right) + \exp\left(-\frac{|R-z|}{a_0}\right)\right\} \quad (11 \cdot 9)$$

$$\psi_- = N_-\left\{\exp\left(-\frac{|z|}{a_0}\right) - \exp\left(-\frac{|R-z|}{a_0}\right)\right\} \quad (11 \cdot 10)$$

まずは，同位相の分子軌道 ψ_+ の z 軸に関する値を図 11・4 に描いてみよう．

点線は図5・3で描かれた1s軌道の波動関数と同じものであり、原点にある陽子Aの1s軌道の波動関数 χ_A と、$(0, 0, R)$ の点にある陽子Bの1s軌道の波動関数 χ_B の二つが描いてある。H_2^+ の波動関数 ψ_+（実線）は二つの点線の波動関数の重なり（和）だから、陽子Aと陽子Bの間の位置（$0 < z < R$）では波動関数の値が大きくなる。つまり、電子の存在確率が相対的に増えたことになる。正の電荷をもつ2個の陽子の間で、負の電荷をもつ電子の存在確率が増えれば、陽子と陽子の間の静電斥力が小さくなり、ポテンシャルエネルギーが低くなるので化学結合ができる。このような分子軌道を結合性軌道という。

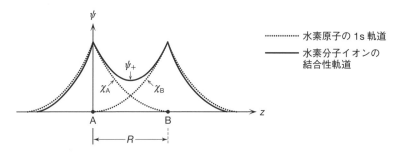

図 11・4 z 軸方向の分子軌道 ψ_+ の値（同位相の波動関数）

それでは、逆位相で二つの波動関数を重ねた場合の波動関数 ψ_- はどうなるだろうか。かりに陽子Aに関する1s軌道の波動関数 χ_A を正の値、陽子Bに関する1s軌道の波動関数 χ_B を負の値にすると、それぞれの波動関数は図11・5

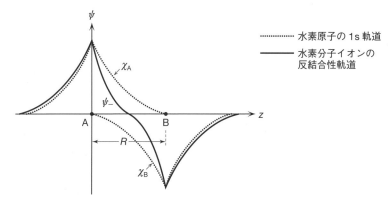

図 11・5 z 軸方向の分子軌道 ψ_- の値（逆位相の波動関数）

の点線のようになる．陽子Aと陽子Bの間では，同位相の場合とは逆に，正の波動関数と負の波動関数が打消し合うので，分子軌道を表す波動関数 ψ_- (実線)の値は原子軌道を表す波動関数(点線)の値よりも小さくなる．つまり，陽子Aと陽子Bの間で電子の存在確率は減る．特に，陽子Aと陽子Bの中点では波動関数の値は0となり，電子は存在しない．そうすると，陽子Aと陽子Bの間の静電斥力が大きくなり，ポテンシャルエネルギーは高くなるので，陽子Aと陽子Bは離れたほうが安定である．このような分子軌道では化学結合ができないので，反結合性軌道という．

11・4　重なり積分とクーロン積分と共鳴積分

同位相と逆位相の分子軌道の波動関数〔(11・5)式と(11・6)式〕の規格化定数 N_+ と N_- を求めてみよう．規格化定数とは，波動関数の2乗が確率を表すようにするために，全空間で積分したときに1になるようにする係数のことである（§4・2参照）．1s軌道の波動関数が実関数であることを考慮すると（しばらくは，同位相と逆位相を一つの式で表す），

$$\int \psi_\pm{}^2 d\tau = \int N_\pm{}^2 (\chi_A \pm \chi_B)^2 d\tau = 1 \qquad (11 \cdot 11)$$

が成り立つように $N_\pm$ を決めればよい．ここで，積分因子 $d\tau$ は直交座標系ならば $dxdydz$ であり，極座標系ならば $r^2 \sin\theta \, dr d\theta d\phi$ であるが，気にする必要はない．(11・11)式は次のように展開できる．

$$N_\pm{}^2 \left(\int \chi_A{}^2 d\tau \pm \int \chi_A \chi_B d\tau \pm \int \chi_B \chi_A d\tau + \int \chi_B{}^2 d\tau \right) = 1 \qquad (11 \cdot 12)$$

ここで，原子軌道 χ_A と χ_B はすでに規格化されているので，

$$\int \chi_A{}^2 d\tau = 1 \quad および \quad \int \chi_B{}^2 d\tau = 1 \qquad (11 \cdot 13)$$

が成り立つ．また，(11・12)式の第2項と第3項は二つの波動関数の重なり具合を表し，重なり積分 γ とよばれる（χ_A と χ_B を入れ替えても同じ）．

$$\gamma = \int \chi_A \chi_B d\tau = \int \chi_B \chi_A d\tau \qquad (11 \cdot 14)$$

重なり積分 γ は二つの波動関数が完全に重なる（$R=0$）と1，完全に重ならない（$R=+\infty$）と0である（$0 \leq \gamma \leq 1$）．(11・13)式と(11・14)式を(11・12)式に代入すれば，

$$N_\pm{}^2 (2 \pm 2\gamma) = 1 \qquad (11 \cdot 15)$$

となるから，規格化定数は次のように求められる．

$$N_\pm = \frac{1}{\sqrt{2\pm 2\gamma}} \tag{11・16}$$

ここで,波動関数の係数の符号には意味がないので,正の値だけを示した.結局,H_2^+ の分子軌道の波動関数は次のようになる.

$$\psi_\pm = \frac{1}{\sqrt{2\pm 2\gamma}}(\chi_A \pm \chi_B) \tag{11・17}$$

次に,H_2^+ のエネルギー固有値を求めてみよう.一般に,ハミルトン演算子を $\hat{H}$,波動関数を ψ,エネルギー固有値を E で表すと,波動方程式は,

$$\hat{H}\psi = E\psi \tag{11・18}$$

と書ける.両辺に左から波動関数(複素関数ならば共役複素関数)を掛け算して全空間で積分すると,波動関数 ψ は規格化されているから,

$$\int \psi \hat{H} \psi \, d\tau = \int \psi E \psi \, d\tau = E \int \psi \psi \, d\tau = E \tag{11・19}$$

となる.(11・17)式を(11・19)式に代入するとエネルギー固有値は,

$$\begin{aligned} E_\pm &= \frac{1}{2\pm 2\gamma} \int (\chi_A \pm \chi_B) \hat{H} (\chi_A \pm \chi_B) \, d\tau \\ &= \frac{1}{2\pm 2\gamma} \left(\int \chi_A \hat{H} \chi_A \, d\tau \pm \int \chi_A \hat{H} \chi_B \, d\tau \pm \int \chi_B \hat{H} \chi_A \, d\tau + \int \chi_B \hat{H} \chi_B \, d\tau \right) \end{aligned} \tag{11・20}$$

となる.ここで,クーロン積分 α と共鳴積分 β を次のように定義する(§9・3のスピン関数と混乱しない).

$$\alpha = \int \chi_A \hat{H} \chi_A \, d\tau = \int \chi_B \hat{H} \chi_B \, d\tau \tag{11・21}$$

$$\beta = \int \chi_A \hat{H} \chi_B \, d\tau = \int \chi_B \hat{H} \chi_A \, d\tau \tag{11・22}$$

(11・21)式と(11・22)式を(11・20)式に代入すれば,H_2^+ のエネルギー固有値は次のように表される.

$$E_\pm = \frac{\alpha \pm \beta}{1 \pm \gamma} \tag{11・23}$$

11・5 水素分子イオンのエネルギーは核間距離に依存する

波動方程式(11・4)の演算子を(11・21)式に代入すると,クーロン積分 α は,

11. 水素分子イオンとLCAO近似

$$\alpha = \int \chi_A \left(-\frac{\hbar^2}{2m_e}\nabla^2 - \frac{e^2}{4\pi\varepsilon_0 r_A} - \frac{e^2}{4\pi\varepsilon_0 r_B} + \frac{e^2}{4\pi\varepsilon_0 R} \right) \chi_A \, d\tau$$

$$= \int \chi_A \left(-\frac{\hbar^2}{2m_e}\nabla^2 - \frac{e^2}{4\pi\varepsilon_0 r_A} \right) \chi_A \, d\tau + \frac{e^2}{4\pi\varepsilon_0} \int \chi_A \left(\frac{1}{R} - \frac{1}{r_B} \right) \chi_A \, d\tau \quad (11 \cdot 24)$$

となる.また,波動方程式(11・4)の演算子を(11・22)式に代入すると,共鳴積分 β は,

$$\beta = \int \chi_A \left(-\frac{\hbar^2}{2m_e}\nabla^2 - \frac{e^2}{4\pi\varepsilon_0 r_A} - \frac{e^2}{4\pi\varepsilon_0 r_B} + \frac{e^2}{4\pi\varepsilon_0 R} \right) \chi_B \, d\tau$$

$$= \int \chi_A \left(-\frac{\hbar^2}{2m_e}\nabla^2 - \frac{e^2}{4\pi\varepsilon_0 r_B} \right) \chi_B \, d\tau + \frac{e^2}{4\pi\varepsilon_0} \int \chi_A \left(\frac{1}{R} - \frac{1}{r_A} \right) \chi_B \, d\tau \quad (11 \cdot 25)$$

となる.(11・24)式の第1項の( )の演算子はH原子のハミルトン演算子と同じだから,H原子のエネルギー固有値 E_{1s} である(値は負).

$$\alpha(\text{第1項}) = \int \chi_A \hat{H} \chi_A \, d\tau = \int \chi_A E_{1s} \chi_A \, d\tau = E_{1s} \int \chi_A \chi_A \, d\tau = E_{1s} \quad (11 \cdot 26)$$

一方,(11・25)式の第1項の( )の演算子もH原子のハミルトン演算子と同じであるが,H原子のエネルギー固有値 E_{1s} に重なり積分 γ が掛け算されて,

$$\beta(\text{第1項}) = \int \chi_A \hat{H} \chi_B \, d\tau = \int \chi_A E_{1s} \chi_B \, d\tau = E_{1s} \int \chi_A \chi_B \, d\tau = E_{1s}\gamma \quad (11 \cdot 27)$$

となる.したがって,H_2^+ のエネルギー固有値を表す(11・23)式は,

$$E_\pm = \frac{E_{1s} \pm E_{1s}\gamma}{1 \pm \gamma} + \frac{\alpha(\text{第2項}) \pm \beta(\text{第2項})}{1 \pm \gamma}$$

$$= E_{1s} + \frac{\alpha(\text{第2項}) \pm \beta(\text{第2項})}{1 \pm \gamma} \quad (11 \cdot 28)$$

と書ける.第2項の積分は複雑なので詳しいことは省略するが*,R を適当な距離で定数とみなし,r_A または r_B に関して積分すると,

---

* 詳しくは,D. A. McQuarrie, J. D. Simon, "Physical Chemistry: a molecular approach", University Science Books (1997)[``マッカーリ・サイモン物理化学:分子論的アプローチ,上・下'',千原秀昭,江口太郎,齋藤一弥訳,東京化学同人(1999)]参照.ただし,第1項を除いて,α と β の第2項をクーロン積分,交換積分(共鳴積分)と定義している.

11・5 水素分子イオンのエネルギーは核間距離に依存する

$$\alpha(\text{第 2 項}) = \frac{e^2}{4\pi\varepsilon_0}\left\{\frac{1}{R}\left(1+\frac{R}{a_0}\right)\exp\left(-\frac{2R}{a_0}\right)\right\} \tag{11・29}$$

$$\beta(\text{第 2 項}) = \frac{e^2}{4\pi\varepsilon_0}\left\{\frac{\gamma}{R}-\frac{1}{a_0}\left(1+\frac{R}{a_0}\right)\exp\left(-\frac{R}{a_0}\right)\right\} \tag{11・30}$$

となる．波動関数 χ_A と χ_B にボーア半径 a_0 が含まれるので，積分したときに a_0 が現われる．R が無限大では指数関数の部分も $1/R$ も 0 なので，$\alpha(\text{第 2 項})$ も $\beta(\text{第 2 項})$ も 0 である．つまり，R が無限大では $E_\pm = E_{1s}$ となる．一方，R が極端に 0 に近づくと，指数関数の部分が 1 で $1/R$ が無限大なので，$\alpha(\text{第 2 項})$ も $\beta(\text{第 2 項})$ も正の無限大に近づく．つまり，$E_\pm = +\infty$ となる．R が適当な距離では指数関数の前の符号に従って，$\alpha(\text{第 2 項})$ は正の値，$\beta(\text{第 2 項})$ は負の値になるが，$\beta(\text{第 2 項})$ の寄与のほうが大きい〔$\exp(-R/a_0) > \exp(-2R/a_0)$〕．結局，陽子 A と陽子 B の核間距離 R を横軸にとり，H_2^+ のエネルギー固有値を縦軸にとると図 11・6 のようになる．陽子 B が無限大から陽子 A に近づくと（R の値が小さくなると），(11・28)式の $\beta(\text{第 2 項})$ の寄与（負の値）が大きくなり，結合性軌道のエネルギー E_+ は E_{1s} よりも低くなり，安定になる．逆に，反結合性軌道のエネルギー E_- は E_{1s} よりも高くなり，不安定になる．

図 11・6 をみるとわかるように，結合性軌道の電子は 2 個の陽子が適当な距離にある場合に最もエネルギーが低い．この距離を平衡核間距離 R_e という．添え字の e は equilibrium の頭文字である．平衡核間距離でのエネルギー固有値と H 原子のエネルギー固有値 E_{1s} の差を結合エネルギーという．分子はこの結合

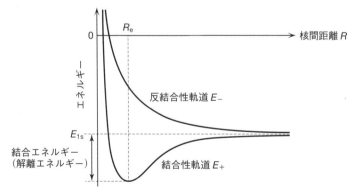

図 11・6 水素分子イオンのエネルギー固有値（E_- と E_+）と水素原子のエネルギー固有値（E_{1s}）

エネルギーによって,原子よりも安定に存在する.逆に考えると,結合エネルギーの大きさは分子の解離エネルギーの大きさでもある.分子をばらばらの原子にするには,結合エネルギーと同じ大きさのエネルギーを分子に与えればよい.

　もしも,結合性軌道になっている電子にエネルギーを与えて,反結合性軌道に遷移させたら何が起きるだろうか.反結合性軌道では R が大きくなればなるほど H_2^+ のエネルギーは低くなるので,まるで滑り台を滑るかのように,R が無限大になる.電子が反結合性軌道に遷移した H_2^+ は,ただちに,H原子と陽子に解離する ($H_2^+ \rightarrow H + H^+$).

章末問題

H_2^+ について,以下の問いに答えよ.

11・1 図11・2で,電子が陽子Bのすぐそばにいて,陽子Aを無視できるとして波動方程式を求めよ.

11・2 陽子Aと陽子Bが $2a_0$ 離れているとする.陽子Bの位置での χ_A の値を計算せよ.

11・3 問題11・2で,陽子Bの位置の χ_A の値は陽子Aの位置の値の何倍か.

11・4 2個の陽子の中点を原点とすると,(11・9)式と(11・10)式の波動関数はどのような式になるか.

11・5 図11・4の $z < 0$ および $z > R$ で,どうして実線が点線よりも低いか.

11・6 結合性軌道と反結合性軌道で,存在確率の極大を示す z の値を求めよ.

11・7 波動関数が複素関数の場合に,(11・11)式はどのように表されるか.

11・8 クーロン積分 α,共鳴積分 β,重なり積分 γ の単位を答えよ.

11・9 $R = +\infty$ と $R = 0$ で,(11・24)式のクーロン積分 α の第1項と第2項,(11・25)式の共鳴積分 β の第1項と第2項,重なり積分 γ,エネルギー固有値 $E_\pm$ がどのようになるか,表にまとめよ.

11・10 (11・24)式のクーロン積分 α の第1項と(11・25)式の共鳴積分 β の第1項が R に対してどのように変化するか,概略を図示せよ.

12

等核二原子分子の分子軌道

> 水素分子の分子軌道は水素分子イオンの分子軌道で近似できる．2個の電子が結合性軌道になって共有結合ができる．一方，ヘリウム分子では2個の電子が結合性軌道になるが，残りの2個の電子が反結合性軌道になるので安定には存在しない．この章ではs軌道のみが関係する等核二原子分子の分子軌道を調べる．

12・1 水素分子のエネルギー準位と電子配置

今度は H_2 分子の分子軌道の波動関数とエネルギー固有値を求めてみよう．2個の陽子をAとB，2個の電子を1と2と名づけ，図12・1のように座標を定義すると，波動方程式は次のように書ける．

$$\left[-\frac{\hbar^2}{2m_e}\nabla_1^2 - \frac{\hbar^2}{2m_e}\nabla_2^2 - \frac{e^2}{4\pi\varepsilon_0 r_{1A}} - \frac{e^2}{4\pi\varepsilon_0 r_{1B}} - \frac{e^2}{4\pi\varepsilon_0 r_{2A}} \right.$$
$$\left. - \frac{e^2}{4\pi\varepsilon_0 r_{2B}} + \frac{e^2}{4\pi\varepsilon_0 r_{12}} + \frac{e^2}{4\pi\varepsilon_0 R} \right]\psi = E\psi \quad (12 \cdot 1)$$

ここで，陽子は電子に比べて質量が大きく，ゆっくりとしか運動できないので，これまでと同様に，2個の陽子の運動エネルギーを無視した．

H_2 分子を構成する粒子の数は4個なので，波動方程式はかなり複雑になる．特に，前章の H_2^+ では考える必要のなかった電子間の静電斥力に基づくポテン

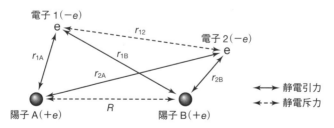

図 12・1 水素分子ではたらく静電力と座標

シャルエネルギーも考えなければならない．しかし，陽子と電子の間の静電引力に基づくポテンシャルエネルギーの符号が負，電子間および陽子間の静電斥力に基づくポテンシャルエネルギーの符号が正であることに注意すれば，波動方程式(12・1)をたてることはむずかしくない．ただし，近似を使わないと，この方程式を解くことはできない．

波動方程式(12・1)を次のように整理してみよう．

$$\left[\left(-\frac{\hbar^2}{2m_e}\nabla_1^2 - \frac{e^2}{4\pi\varepsilon_0 r_{1A}} - \frac{e^2}{4\pi\varepsilon_0 r_{1B}} + \frac{e^2}{4\pi\varepsilon_0 R}\right)\right.$$
$$+ \left(-\frac{\hbar^2}{2m_e}\nabla_2^2 - \frac{e^2}{4\pi\varepsilon_0 r_{2A}} - \frac{e^2}{4\pi\varepsilon_0 r_{2B}} + \frac{e^2}{4\pi\varepsilon_0 R}\right)$$
$$\left. + \left(\frac{e^2}{4\pi\varepsilon_0 r_{12}} - \frac{e^2}{4\pi\varepsilon_0 R}\right)\right]\psi = E\psi \qquad (12\cdot 2)$$

左辺の1番目の(　)は電子1に関する演算子，2番目の(　)は電子2に関する演算子である．これらはH_2^+の波動方程式(11・4)の演算子と同じである．3番目の(　)は電子間の静電斥力に基づくポテンシャルエネルギーと陽子間の静電斥力に基づくポテンシャルエネルギーの差である．3番目の(　)は1番目と2番目の(　)に比べて寄与が小さいので，無視できると近似することにしよう．そうすると，波動方程式(12・2)は，

$$[\hat{h}_1 + \hat{h}_2]\psi = E\psi \qquad (12\cdot 3)$$

と書くことができる．ここで，$\hat{h}_1$と$\hat{h}_2$はそれぞれ電子1と電子2に関する演算子であり，H_2^+の演算子〔(11・4)式〕と同じである．H_2^+の分子軌道の波動関数をσ，H_2^+のエネルギー固有値をεとすれば，それぞれの電子について，

$$\hat{h}_1\sigma_1 = \varepsilon_1\sigma_1 \quad および \quad \hat{h}_2\sigma_2 = \varepsilon_2\sigma_2 \qquad (12\cdot 4)$$

が成り立つ．H_2^+では含まれる電子が1個であり，分子軌道のことをψで表したが（11章参照），これからは複数の電子を含む分子を扱うので，それぞれの電子の分子軌道を別の名前で表し，分子全体の波動関数をψで表すことにする．1s軌道の線形結合でできる分子軌道は，分子軸方向からみるとs軌道の形にみえるから（図11・3）σ軌道という*．σはsのギリシャ文字である．

波動方程式(12・3)の演算子は，電子1に関する演算子$\hat{h}_1$と電子2に関する

---

* 数学的には波動関数に対する分子軸まわりの回転操作を考える．どのような回転操作をしても符号が変わらなければσ軌道，180°の回転操作で波動関数の符号が変わるとπ軌道である．

12・1 水素分子のエネルギー準位と電子配置

演算子 $\hat{h}_2$ の和になっている。そうすると，H_2 分子の波動関数はそれぞれの電子の軌道の波動関数（H_2^+ の波動関数）の積であり，H_2 分子のエネルギー固有値はそれぞれの電子のエネルギー固有値（H_2^+ のエネルギー固有値）の和になる（§8・2 参照）。

$$\psi = \sigma_1 \sigma_2 \qquad (12\cdot 5)$$

$$E = \varepsilon_1 + \varepsilon_2 \qquad (12\cdot 6)$$

2 個の H 原子の 1s 軌道の波動関数の重なりによってできる H_2^+ の分子軌道を復習しよう。この場合には，結合性軌道と反結合性軌道の 2 種類がある（§11・3 参照）。分子軌道のエネルギー固有値は核間距離 R に依存して大きく変わるが，平衡核間距離 R_e で考えれば，結合性軌道のエネルギー準位は H 原子のエネルギー準位 E_{1s} よりも低く，逆に，反結合性軌道のエネルギー準位は E_{1s} よりも高い（図 11・6 参照）。そこで，結合性軌道を σ 軌道，反結合性軌道を σ* 軌道として（右上の * が反結合性を表す），原子軌道の場合と同様にエネルギー準位（絶対値ではなく相対値）を描くと図 12・2 のようになる。

図 12・2 では，H_2 分子になる前の H 原子のエネルギー準位と電子を灰色で描いた。原子の状態では，電子のスピン角運動量の向きを表す矢印は上向きでも下向きでも構わないが，とりあえず，どちらの原子の電子も上向きに描いた。細い矢印は 2 個の H 原子が近づくにつれて，電子が 1s 軌道（原子軌道）から結合性の σ 軌道（分子軌道）に変化することを表している。

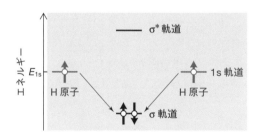

図 12・2　水素分子のエネルギー準位と電子配置

H_2 分子の 2 個の電子は，当然，H 原子の 1s 軌道のエネルギーよりも低い結合性軌道になる（ちょうど，滑り台を滑るように）。ただし，He 原子で説明したパウリの排他原理（§9・2 参照）は分子でも成り立つので，電子のスピン角運動量の向きを逆にして結合性軌道になる。H_2 分子の電子配置は分子軌道の名

前で表せば$(\sigma)^2$となる．右上の添え字の2は2個の電子がH_2分子のσ軌道になっていることを表す．H原子が1個ずつ電子を出し合ってσ軌道になり，エネルギーが安定化して結合ができるので共有結合といい，また，これらの電子を共有電子対という．なお，反結合性のσ^*軌道には電子がないので図12・2には描く必要はないが，説明をわかりやすくするために書き加えてある．

12・2 ヘリウム分子のエネルギー準位と電子配置

H原子の代わりに2個のHe原子が近づくとどうなるだろうか．H_2分子と同じように分子になるのだろうか（He＋He → He_2?）．少し複雑になるが，He_2分子の波動方程式をたてることはできる．H_2分子の波動方程式(12・1)を参考にして，電子の数が4個であること，原子核の電荷が$+2e$であることに注意すれば，

$$\left[\sum_{i=1}^{4}\left(-\frac{\hbar^2}{2m_e}\nabla_i^2 - \frac{2e^2}{4\pi\varepsilon_0 r_{iA}} - \frac{2e^2}{4\pi\varepsilon_0 r_{iB}}\right) + \sum_{i<j}^{4}\frac{e^2}{4\pi\varepsilon_0 r_{ij}} + \frac{4e^2}{4\pi\varepsilon_0 R}\right]\psi = E\psi \tag{12・7}$$

と書ける．ここでH_2分子の場合と同様に，それぞれの電子の座標でまとめ，電子間の静電斥力と核間の静電斥力について同様の近似を用いると，He_2分子の演算子は1個の電子のみを含むヘリウム分子イオンHe_2^{3+}の演算子の和で表すことができる．He_2^{3+}の分子軌道の波動関数はHe原子Aの波動関数とHe原子Bの波動関数の重なりで表すことができるから，結局，He_2分子のそれぞれの電子の波動関数は，He原子AとHe原子Bの波動関数の線形結合（結合性の分子軌道σと反結合性の分子軌道σ^*）で表せばよい．また，He_2分子のエネルギー固有値はHe_2^{3+}のエネルギー固有値の和で表される．H_2分子の場合と同様にHe_2分子のエネルギー準位を描くと図12・3のようになる．2個の電子が同

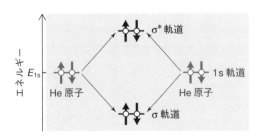

図 12・3　ヘリウム分子のエネルギー準位と電子配置

じ軌道にある場合には，パウリの排他原理に従ってスピン角運動量の向きを逆にした．なお，He 原子の 1s 軌道のエネルギー E_{1s} の値は実際には H 原子の 1s 軌道と大きく異なる（図 8・5 参照）．

　He_2 分子の場合には電子が 4 個ある．そのうちの 2 個は H_2 分子の電子配置と同様に低いエネルギー準位の結合性の σ 軌道になる．残りの 2 個の電子はどうなるかというと，仕方がないので，高いエネルギー準位の反結合性の σ* 軌道になる．He_2 分子の電子配置は $(σ)^2(σ^*)^2$ となる．結合性の σ 軌道の 2 個の電子のエネルギー準位は He 原子の 1s 軌道のエネルギー E_{1s} よりも低いので分子になろうとするが，反結合性の σ* 軌道の 2 個の電子は E_{1s} よりもエネルギーが高いので，ばらばらの He 原子になろうとする．結局，近似で無視した電子間の静電斥力や核間の静電斥力なども考慮すれば，ヘリウム分子はばらばらの He 原子になったほうが安定である[*1]．

12・3　ヘリウム分子イオンは存在するか

　He_2 分子から 1 個の電子を取除いたヘリウム分子イオン He_2^+ のエネルギー準位と電子配置はどうなるだろうか．今度は 4 個ではなく 3 個の電子を考えればよい．He_2 分子と同様に，He 原子の 1s 軌道の線形結合によって He_2^{3+} の分子軌道の σ 軌道と σ* 軌道ができる．そして，2 個の電子は安定な結合性の σ 軌道に，残りの 1 個は不安定な反結合性の σ* 軌道になる．前者は共有電子対であり，後者は不対電子である．電子配置は $(σ)^2(σ^*)^1$ であり，エネルギー準位と

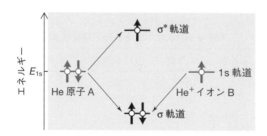

図 12・4　ヘリウム分子イオンのエネルギー準位と電子配置

[*1] 細い特殊なノズルを使って高圧のヘリウムガスを高真空中に噴き出し，超音速分子ビームにすると He_2 分子が生成する．超音速分子ビームのなかではすべての粒子が同じ速さで同じ方向に向かうので粒子間の衝突がなく，また，分子内部の温度が極低温に冷えているので，一度，生成した He_2 分子は，壁などに衝突しない限り安定に存在する．

電子配置は図 12・4 のようになる．この場合には，反結合性の σ^* 軌道よりも結合性の σ 軌道の電子数のほうが多いので，He_2^+ は安定に存在する．

H_2 分子と He_2^+ ではどちらの共有結合が強いのだろうか．結合の強さの目安とされる物理量が結合次数である．結合次数は次のように定義される．

$$結合次数 = \frac{1}{2}(結合性軌道の電子数 - 反結合性軌道の電子数) \quad (12・8)$$

どうして，2 で割り算するかというと，2 個の電子で一つの共有結合ができるからである．結合次数とは共有結合の数であり，次数が大きければ大きいほど共有結合は強い．たとえば，H_2 分子ならば，それぞれの H 原子が 1 個ずつ電子を出し合って，2 個の電子で一つの共有結合ができる．(12・8)式に従えば，結合性軌道の電子数は 2，反結合性軌道の電子数は 0 だから，

$$結合次数 = \frac{1}{2}(2-0) = 1 \quad (12・9)$$

となり，H_2 分子の結合次数は 1 である．つまり，単結合である．また，H_2^+ の場合には，電子が 1 個なので結合次数は 0.5 となる．半分の結合というと奇妙に感じるが，1 個の電子でも結合性の分子軌道になれば共有結合の役割を果たす．同様にして，He_2^+ の結合次数は 0.5，He_2 分子の結合次数は 0 である．He_2 分子の結合次数が 0 ということは共有結合がない，つまり，安定に存在しないということを意味する．H_2 分子，He_2 分子およびそれぞれのイオンについて，結合次数と結合距離（$1\,pm = 1 \times 10^{-12}\,m$）を表 12・1 にまとめた．結合次数が小さければ結合が弱いから，結合距離は長くなる．

表 12・1 水素分子およびヘリウム分子の結合次数と結合距離

分子	電子数	電子配置	結合次数	結合距離/pm
H_2^+	1	$(\sigma)^1$	0.5	105.2
H_2	2	$(\sigma)^2$	1	74.1
He_2^+	3	$(\sigma)^2(\sigma^*)^1$	0.5	111.6
He_2	4	$(\sigma)^2(\sigma^*)^2$	0	安定には存在しない

12・4　リチウム分子とベリリウム分子

今度は Li_2 分子について考えてみよう．それぞれの Li 原子には 3 個の電子があるので，Li_2 分子になると合計 6 個の電子を考える必要がある．波動方程式は

He₂ 分子の(12・7)式からの類推で,

$$\left[\sum_{i=1}^{6}\left(-\frac{\hbar^2}{2m_e}\nabla_i^2-\frac{3e^2}{4\pi\varepsilon_0 r_{iA}}-\frac{3e^2}{4\pi\varepsilon_0 r_{iB}}\right)+\sum_{i<j}^{6}\frac{e^2}{4\pi\varepsilon_0 r_{ij}}+\frac{9e^2}{4\pi\varepsilon_0 R}\right]\psi = E\psi \quad (12\cdot 10)$$

となる. 同じ種類の2個の原子からなる分子（これを等核二原子分子という）の波動方程式は, 一般に,

$$\left[\sum_{i=1}^{2Z}\left(-\frac{\hbar^2}{2m_e}\nabla_i^2-\frac{Ze^2}{4\pi\varepsilon_0 r_{iA}}-\frac{Ze^2}{4\pi\varepsilon_0 r_{iB}}\right)+\sum_{i<j}^{2Z}\frac{e^2}{4\pi\varepsilon_0 r_{ij}}+\frac{Z^2e^2}{4\pi\varepsilon_0 R}\right]\psi = E\psi \quad (12\cdot 11)$$

と書ける. ここで, Z は原子番号であり, 電子の数は $2Z$ である.

以上の波動方程式の説明では, すべての電子には差がなく, それぞれの電子が自由に運動していると仮定している. しかし, Li 原子の電子配置 $(1s)^2(2s)^1$ からわかるように, 3個の電子のうち, 2個の内殻電子は1s軌道になっていて, 原子核の近くに存在する確率が大きい. 一方, 残りの1個の電子(価電子)は2s軌道になっていて, 1s軌道の内殻電子よりも原子核から離れて存在する確率が大きい（図5・5参照）. もしも, 2個の Li 原子が近づくと, 2s軌道の波動関数のほうが1s軌道の波動関数よりも重なりは大きいはずである. 逆にいえば, 2s軌道の価電子に比べて, 1s軌道の内殻電子の波動関数はほとんど原子の波動関数のままである[*1]. そうすると, Li₂ 分子の軌道は2s軌道の重なりからできる結合性の σ軌道と反結合性の σ*軌道のみを考えればよい. 今後は分子軌道の波動関数の名前にもとの原子軌道の名前をつけることにする. たとえば, 原子Aおよび原子Bの2s軌道の波動関数 [$\chi_{2s}(A)$ と $\chi_{2s}(B)$] の線形結合によってできる結合性と反結合性の分子軌道の波動関数の名前は σ_{2s} と σ^*_{2s} である [(11・17)式参照].

$$\sigma_{2s} = \frac{1}{\sqrt{2+2\gamma}}\{\chi_{2s}(A)+\chi_{2s}(B)\} \quad (12\cdot 12)$$

$$\sigma^*_{2s} = \frac{1}{\sqrt{2-2\gamma}}\{\chi_{2s}(A)-\chi_{2s}(B)\} \quad (12\cdot 13)$$

[*1] 波動関数は無限に広がっているので, 2個の原子の1s軌道の波動関数も重なりができ, 分子軌道 σ_{1s} 軌道と σ^*_{1s} 軌道ができるはずである. 分子軌道の波動関数の対称性を考えると, 2個の1s軌道の波動関数を足し算したりや引き算したりしたほうが説明しやすい. しかし, ここでは電子の存在確率や結合次数を考えやすいように, 内殻電子を原子軌道のままで説明する.

それぞれのLi原子の2s軌道の不対電子がσ_{2s}軌道で共有電子対となり，エネルギーが安定化して共有結合ができる．Li_2分子のエネルギー準位と電子配置を図12・5に示す．

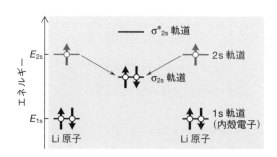

図12・5　リチウム分子のエネルギー準位と電子配置

Be_2分子では，Li_2分子に比べて2個の電子が増える．これらの増えた電子は2s軌道からできる反結合性のσ^*_{2s}軌道になる．したがって，Be_2分子の電子配置は内殻電子を除けば$(\sigma_{2s})^2(\sigma^*_{2s})^2$となる．結合性の$\sigma_{2s}$軌道の電子は分子になろうとするが，反結合性の$\sigma^*_{2s}$軌道の電子は原子になろうとする．結局，$Be_2$分子は$He_2$分子と同様に安定には存在しない．

12・5　分子軌道の対称性

§9・2で説明したように電子はフェルミ粒子である．原子や分子に2個のフェルミ粒子が含まれる場合には，それぞれの座標を交換した場合に，全体の波動関数（電子の軌道関数とスピン関数の積）の符号が逆になる必要がある．これがパウリの排他原理の根拠でもある[*1]．ここでは，分子軌道の波動関数の対称性について調べてみよう（スピン関数の対称性については§9・3参照）．

対称性を考えるときに，対称操作という言葉がある．二原子分子の波動関数で特に重要な対称操作は鏡映操作と反転操作である．鏡映操作は分子軸を含む水平面（たとえば，yz平面）で上下の波動関数の値を入れ替える操作である．座標で表現すれば，(x, y, z)の点における波動関数の値を$(-x, y, z)$の点の値と入れ

[*1]　He原子の電子基底状態の電子配置は$(1s)^2$である．1s軌道の波動関数は対称関数なので，スピン関数が反対称関数になる必要がある．2個の電子の反対称のスピン関数は一つなので〔(9・32)式〕，He原子の電子基底状態は一重項となる．

12・5 分子軌道の対称性

替えることを意味する．一方，反転操作は原点(対称心)に対して波動関数の値を入れ替える操作である．座標で表現すれば，(x, y, z) の点における波動関数の値を $(-x, -y, -z)$ の点の値と入れ替えることを意味する．鏡映操作と反転操作を理解するためには将棋の駒で考えるとわかりやすい（ここでは，3次元でなく2次元で説明する）．鏡映操作は2の2の飛車が相手の2の8の飛車になる操作であり，反転操作は2の2の飛車が相手の8の8の龍になる操作である（図 12・6）．

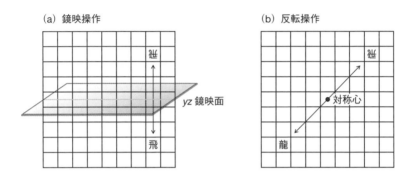

図 12・6 将棋の駒を使った対称操作(⟷)の説明

鏡映操作で波動関数の符号が変わらなければ ＋，符号が変われば － と名づける．また，反転操作で波動関数の符号が変わらなければ g（ドイツ語の gerade），符号が変われば u（ungerade）と名づける．同位相の σ_{1s} 軌道は波動関数の符号はどこでも同じだから（実線だから），鏡映操作をしても反転操作をしても波動関数の符号は変わらない〔図 12・7(a)〕．同位相の σ 軌道を対称性

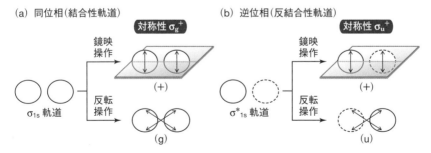

図 12・7 分子軌道 σ_{1s} と σ^*_{1s} に対する対称操作(⟷)
（実線と破線は波動関数の値の符号の違いを表す）

で表せば σ_g^+ である．一方，逆位相の σ^*_{1s} 軌道では原子 A と原子 B の 1s 軌道の波動関数の符号が逆であるが，鏡映操作をしても符号は変わらない〔実線は実線のままである，図 12・7(b)〕．σ 軌道も σ^* 軌道も軸対称であり，鏡映操作の符号は + である．しかし，反転操作では逆位相の σ^* 軌道は符号が逆になり（実線と破線が入れ替わる），対称性で表せば σ_u^+ である．2s 軌道からできる分子軌道 σ_{2s} も同様である．同位相の σ_{2s} 軌道を対称性で表せば σ_g^+，逆位相の σ^*_{2s} 軌道を対称性で表せば σ_u^+ である．分子軌道の対称性は II 巻 9 章の電子スペクトルの説明で重要となる．

章末問題

He_2 分子の 2 価の陽イオン He_2^{2+} について，以下の問いに答えよ．

12・1　原子核は静止しているとして，波動方程式を求めよ．

12・2　LCAO 近似を使って，He^+ の波動関数〔(8・6)式〕から結合性軌道 σ_{1s} と反結合性軌道 σ^*_{1s} の波動関数を求めよ．

12・3　図 12・4 を参考にして，エネルギー準位と電子配置を描け．

12・4　結合次数を求めよ．

12・5　結合距離は H_2 分子に比べて長いか，短いか．

Be_2 分子について，以下の問いに答えよ．

12・6　何個の電子が含まれるか．

12・7　何個の内殻電子が含まれるか．

12・8　図 12・4 を参考にして，エネルギー準位と電子配置を描け．

12・9　結合次数を求めよ．

12・10　Be_2 分子の 2 価の陽イオン Be_2^{2+} の結合次数を求めよ．

13
一般の等核二原子分子

> この章では 2p 軌道が関係する等核二原子分子の分子軌道,エネルギー準位,電子配置を調べる.線形結合によって,1s 軌道や 2s 軌道からは σ 軌道と σ* 軌道ができるが,2p 軌道からは σ 軌道と σ* 軌道または二重に縮重した π 軌道と π* 軌道ができる.分子の電子配置はパウリの排他原理とフントの規則を考慮して決める.

13・1 $2p_z$ 軌道からできる σ 軌道

2個の B 原子が近づくと,H_2 分子や Li_2 分子と同様に,原子軌道の波動関数が重なって分子軌道ができる.ただし,これまでは 1s 軌道と 2s 軌道の電子のみを考えればよかったが,B_2 分子では 2p 軌道の電子も関与する.すでに §5・5 で説明したように,2p 軌道は磁気量子数 m_l の異なる 3 種類の複素関数の軌道が縮重していて,それらの直交変換によって実関数を考え,$2p_x$, $2p_y$, $2p_z$ 軌道と名づけた.これらの 3 種類の波動関数は方向が異なるだけで,形は同じであった.しかし,それは原子の状態の場合である.原子は球対称なので x 軸方向でも y 軸方向でも z 軸方向でも差がないが,分子になると分子軸ができて,方向によって差が現われる.

分子軸の方向を z 軸として,2個の B 原子の $2p_z$ 軌道の波動関数を重ねて分子軌道をつくると,図 13・1 のようになる*.この場合にも同位相と逆位相の二つの分子軌道が可能である.ただし,1s 軌道や 2s 軌道からできる分子軌道と異なり,$2p_z$ 軌道を同位相で重ねた場合には,2個の B 原子の間で,値が正の波動関数(実線)と負の波動関数(破線)が重なるので,分子軌道の波動関数の値は小さくなる(§11・5 参照).つまり,同位相の分子軌道は反結合性の軌道であり,エネルギー準位は原子軌道よりも高くて不安定になる.なお,左の B 原子の左側(あるいは右の B 原子の右側)では,値が負(あるいは正)の二つの波

---

* この章以降,分子軌道の波動関数の図は概念図であり,波動関数の値が同じになる位置をつないだ図形を忠実に表現しているわけではない.

動関数が重なるので，分子軌道の値が大きくなる．つまり，電子の存在確率が分子の外側に広がる．$2p_z$ 軌道からできる分子軌道は分子軸方向からみると s 軌道と同じような形にみえるので，σ 軌道である（§12・1 脚注参照）．結局，$2p_z$ 軌道からできる同位相の分子軌道の名前は $\sigma^*_{2p_z}$ となる（＊ は反結合性であることを表す）．

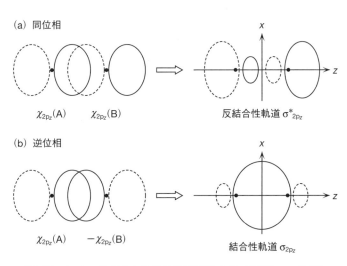

図 13・1　**$2p_z$ 軌道からできる分子軌道**（$\sigma^*_{2p_z}$ 軌道と σ_{2p_z} 軌道）

一方，逆位相の場合には，2 個の B 原子の間で，値が正の波動関数（実線）と値が正の波動関数（実線）が重なるので，分子軌道の波動関数の値は大きくなる．つまり，逆位相の分子軌道は結合性軌道であり，エネルギー準位は原子軌道よりも低くなる．逆位相の分子軌道の名前は σ_{2p_z} である．なお，左の B 原子の左側（あるいは右の B 原子の右側）では，値が正と負の波動関数が重なるので，分子軌道の値が小さくなる．

§12・5 で σ_{2s} 軌道と σ^*_{2s} 軌道の波動関数の対称性を調べたように，$\sigma^*_{2p_z}$ 軌道と σ_{2p_z} 軌道の波動関数の対称性を調べてみよう．$\sigma^*_{2p_z}$ 軌道に鏡映操作を行うと，符号は操作前と変わらない〔図 13・2(a)〕．実線は実線のままであり，破線は破線のままである．すでに §12・5 で説明したように，すべての σ 軌道は軸対称であり，鏡映操作に対して ＋ である．一方，反転操作を行うと，右の波動関数の実線が左の波動関数の破線になる．そして，左の波動関数の破線が右

の波動関数の実線になり，符号が逆転するから反転操作に対してuである．つまり，$\sigma^*_{2p_z}$軌道の対称性はσ_u^+である．一方，σ_{2p_z}軌道は鏡映操作でも反転操作でも波動関数の符号が操作前と変わらないから，対称性はσ_g^+である〔図13・2(b)〕．

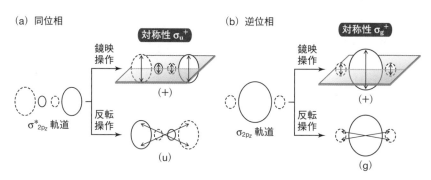

図 13・2　分子軌道 $\sigma^*_{2p_z}$ と σ_{2p_z} に対する対称操作($\longleftrightarrow$)
(実線と破線は波動関数の値の符号の違いを表す)

13・2　$2p_x$ 軌道あるいは $2p_y$ 軌道からできる π 軌道

分子軸に沿った $2p_z$ 軌道ではなく，分子軸に垂直な $2p_x$ 軌道あるいは $2p_y$ 軌道の波動関数が重なると，かなり違った分子軌道ができる．$2p_x$ 軌道からできる分子軌道の場合を図13・3に示す．z 軸を含む節面（$2p_x$ 軌道の場合には yz 平面，$2p_y$ 軌道の場合には xz 平面）の上と下で，それぞれの原子の $2p_x$ 軌道または $2p_y$ 軌道が重なる．その結果，上と下の領域で分子軌道ができるようにみえるが，そうではない．上と下の領域での重なりをあわせて一つの分子軌道なので注意が必要である．あくまでも，一つの分子軌道が分子全体に広がる電子の存在確率を表す．

2個の原子の $2p_x$ 軌道あるいは $2p_y$ 軌道の波動関数が重なって分子軌道ができる場合も，それぞれの原子軌道の波動関数の符号によって，同位相と逆位相の二つの分子軌道の可能性がある．同位相の場合には，値が正の波動関数（実線）と値が正の波動関数（実線），および，値が負の波動関数（破線）と値が負の波動関数（破線）が重なるので，結合性軌道である〔図13・3(a)〕．分子軌道のエネルギー準位は原子軌道のエネルギー準位よりも低くなる．

一方，$2p_x$ 軌道あるいは $2p_y$ 軌道の波動関数が逆位相で重なる場合〔図13・3

(b)〕には，z 軸を含む節面（yz 平面あるいは xz 平面）の上と下のそれぞれの領域で，正の値の波動関数(実線)と負の値の波動関数(破線)が重なるので，反結合性軌道である．逆位相の分子軌道のエネルギー準位は原子軌道のエネルギー準位よりも高くなり，不安定になる．このことは xy 平面が節面となって，同位相の場合よりも節の数が増えることからもわかる（§5・3 参照）．結局，$2p_x$ 軌道と $2p_y$ 軌道は同位相で結合性軌道ができ，逆位相で反結合性軌道ができる．

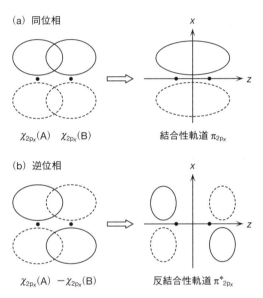

図 13・3　**$2p_x$ 軌道からできる分子軌道**（π_{2p_x} 軌道と $\pi^*_{2p_x}$ 軌道）

$2p_x$ 軌道または $2p_y$ 軌道からできる分子軌道は，いずれも分子軸方向から眺めると p 軌道の形が保たれるので π 軌道とよぶ（§12・1 脚注参照）．π は p のギリシャ文字である．もとの $2p_x$ 軌道と $2p_y$ 軌道と同様に，方向が異なるだけでエネルギー固有値が同じなので（縮重しているので），結合性の π_{2p_x} 軌道と π_{2p_y} 軌道をあわせて π_{2p} 軌道と書くこともある．また，反結合性の $\pi^*_{2p_x}$ 軌道と $\pi^*_{2p_y}$ 軌道をあわせて π^*_{2p} 軌道と書くこともある．

結合性の π_{2p_x} 軌道に鏡映操作と反転操作を行うと，図 13・4(a)のようになる．鏡映操作では波動関数の符号（実線と破線）が逆転するので対称性は − である．また，反転操作でも波動関数の符号が逆転するので対称性は u である．したがって，同位相の π_{2p_x} 軌道の対称性は π_u^- となる．一方，y 軸方向に広がる

13・2 $2p_x$ 軌道あるいは $2p_y$ 軌道からできる π 軌道

同位相の π_{2p_y} 軌道は反転操作で波動関数の符号が変わるが，yz 平面に対する鏡映操作では波動関数の符号が変わらない．したがって，同位相の π_{2p_y} 軌道の対称性は π_u^+ となる．π_{2p_x} 軌道と π_{2p_y} 軌道は縮重していて，エネルギー固有値は同じであるが，方向が異なるために波動関数の対称性は異なる．

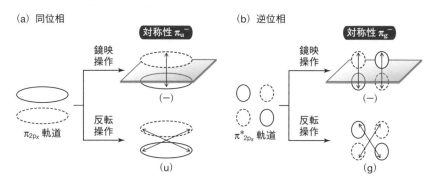

図 13・4 分子軌道 π_{2p_x} と $\pi^*_{2p_x}$ に対する対称操作 (⟷)
(実線と破線は波動関数の値の符号の違いを表す)

一方，反結合性の $\pi^*_{2p_x}$ 軌道に鏡映操作と反転操作を行うと，鏡映操作で波動関数の符号が逆転するが，反転操作では符号は変わらない〔図 13・4(b)〕．したがって，$\pi^*_{2p_x}$ 軌道の対称性は π_g^- である．同様にして考えれば，$\pi^*_{2p_y}$ 軌道の

表 13・1 分子軌道に対する対称操作と対称性

原子軌道	分子軌道	鏡映操作 (yz 平面)	反転操作	対称性
$\chi_{1s} + \chi_{1s}$	σ_{1s}	＋	g	σ_g^+
$\chi_{1s} - \chi_{1s}$	σ^*_{1s}	＋	u	σ_u^+
$\chi_{2s} + \chi_{2s}$	σ_{2s}	＋	g	σ_g^+
$\chi_{2s} - \chi_{2s}$	σ^*_{2s}	＋	u	σ_u^+
$\chi_{2p_z} + \chi_{2p_z}$	$\sigma^*_{2p_z}$	＋	u	σ_u^+
$\chi_{2p_z} - \chi_{2p_z}$	σ_{2p_z}	＋	g	σ_g^+
$\chi_{2p_x} + \chi_{2p_x}$	π_{2p_x}	－	u	π_u^-
$\chi_{2p_x} - \chi_{2p_x}$	$\pi^*_{2p_x}$	－	g	π_g^-
$\chi_{2p_y} + \chi_{2p_y}$	π_{2p_y}	＋	u	π_u^+
$\chi_{2p_y} - \chi_{2p_y}$	$\pi^*_{2p_y}$	＋	g	π_g^+

対称性は π_g^+ となる。$\pi^*_{2p_x}$ 軌道と $\pi^*_{2p_y}$ 軌道もエネルギー固有値が同じで縮重しているが、方向が異なるために波動関数の対称性は異なる。これまでに調べた分子軌道の波動関数の対称性を表 13・1 にまとめた。

13・3 ホウ素分子のエネルギー準位と電子配置

一つの B 原子には 5 個ずつの電子があるから、B_2 分子には合計で 10 個の電子がある。そのうちの 4 個は内殻電子である。残りの 6 個の電子（価電子）のうち、4 個の電子は Be_2 分子と同じように、結合性の σ_{2s} 軌道と反結合性の σ^*_{2s} 軌道になる。残りの 2 個の電子がどうなるかというと、それほど簡単ではない。その理由は結合性の σ_{2p_z} 軌道と π_{2p} 軌道のどちらのエネルギー準位が低いかによって電子配置が変わり、分子の性質が大きく変わるからである。そもそも、原子の状態では $2p_x$ 軌道も $2p_y$ 軌道も $2p_z$ 軌道も縮重していて、エネルギー固有値は同じであった。したがって、$2p_z$ 軌道が重なってできる σ_{2p_z} 軌道のエネルギー固有値も、$2p_x$ 軌道または $2p_y$ 軌道が重なってできる π_{2p} 軌道のエネルギー固有値も、ほとんど変わらないはずである。もしも、σ_{2p_z} 軌道のエネルギー準位のほうが π_{2p} 軌道よりも低ければ、残りの 2 個の電子は σ_{2p_z} 軌道で共有電子対になる〔図 13・5(a)〕。つまり、すべての電子のスピン角運動量は相殺されるので、B_2 分子は反磁性となる（§10・3 参照）。

逆に、π_{2p} 軌道のエネルギー準位のほうが σ_{2p_z} 軌道よりも低ければ、2 個の電子は π_{2p} 軌道になる〔図 13・5(b)〕。すでに述べたように、π_{2p} 軌道は二つの分

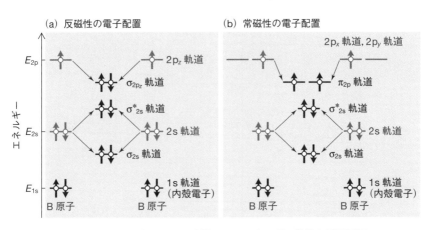

図 13・5　ホウ素分子の可能性のあるエネルギー準位と電子配置

子軌道（π_{2p_x}軌道とπ_{2p_y}軌道）が縮重しているので，フントの規則に従って1個ずつの電子がπ_{2p_x}軌道とπ_{2p_y}軌道で不対電子になる．不対電子は磁石の性質をもつので，B_2分子は常磁性と考えられる．実際に実験をしてみると，B_2分子は常磁性であることがわかっている．したがって，π_{2p}軌道のエネルギー準位のほうがσ_{2p_z}軌道よりも低いと考えられる．B_2分子の最も安定な電子配置は，内殻電子を除けば$(\sigma_{2s})^2(\sigma^*_{2s})^2(\pi_{2p_x})^1(\pi_{2p_y})^1$である．

13・4 炭素分子と窒素分子のエネルギー準位と電子配置

今度は2個のC原子からなるC_2分子のエネルギー準位と電子配置を調べてみよう．それぞれのC原子には6個の電子があるから，C_2分子では合計で12個の電子を考えることになる．B原子と同様に4個の電子は内殻電子となり，4個の電子はσ_{2s}軌道とσ^*_{2s}軌道になる．残りの4個の電子はσ_{2p}軌道あるいはπ_{2p}軌道になる．そうすると，B_2分子の場合と同様に，σ_{2p_z}軌道とπ_{2p}軌道のどちらのエネルギー準位が低いかによって，2種類の電子配置の可能性がでてくる．もしも，σ_{2p_z}軌道のエネルギー準位のほうがπ_{2p}軌道よりも低ければ，2個の電子はσ_{2p_z}軌道になる．残りの2個の電子はフントの規則に従って，縮重した二つのπ_{2p}軌道（π_{2p_x}軌道とπ_{2p_y}軌道）で不対電子になる〔図13・6(a)〕．この電子配置では，C_2分子は常磁性と考えられる．

もしも，π_{2p}軌道のエネルギー準位のほうがσ_{2p_z}軌道よりも低ければ，4個の

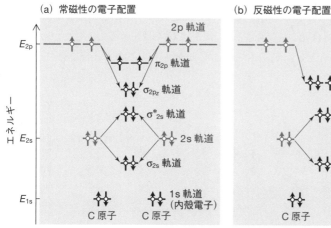

図13・6 炭素分子の可能性のあるエネルギー準位と電子配置

電子が縮重した二つの π_{2p} 軌道で共有電子対になる〔図 13・6(b)〕．つまり，この場合には C_2 分子は反磁性である．最近の研究成果によれば，最も安定な C_2 分子は反磁性といわれている．したがって，C_2 分子の最も安定な電子配置は，内殻電子を除けば $(\sigma_{2s})^2(\sigma^*_{2s})^2(\pi_{2p_x})^2(\pi_{2p_y})^2$ である．

N_2 分子の場合には C_2 分子に比べてさらに 2 個の電子が増えて，合計で 14 個となる．この場合にも σ_{2p_z} 軌道のエネルギーが π_{2p} 軌道よりも低いか高いかによって 2 種類の電子配置の可能性がある．しかし，いずれの場合でも，内殻電子を除いた 10 個の電子の電子配置は $(\sigma_{2s})^2(\sigma^*_{2s})^2(\sigma_{2p_z})^2(\pi_{2p})^4$ となるから，すべての電子の角運動量が相殺されて，N_2 分子は反磁性である（章末問題 13・4）．N_2 分子の σ_{2p_z} 軌道のエネルギーが π_{2p} 軌道よりも低いか高いかを実験で確認することはできない（一電子近似はあくまでも近似であり，個々の電子の状態を独立に求めることはできない）．

13・5 等核二原子分子の電子配置と結合次数

B_2 分子，C_2 分子，N_2 分子では，それぞれの原子の 2p 軌道の電子が 3 個以下なので，分子の 2p 軌道の電子の合計は 6 個以下である．一方，結合性の分子軌道の数は π_{2p} 軌道（π_{2p_x} 軌道と π_{2p_y} 軌道）と σ_{2p} 軌道の三つだから，合計で 6 個までの電子を受け入れることができる．つまり，B_2 分子，C_2 分子，N_2 分子では反結合性の π^*_{2p} 軌道と σ^*_{2p} 軌道を考える必要はない．このような場合には，π_{2p} 軌道のエネルギー準位のほうが σ_{2p} 軌道のエネルギー準位よりも低い．一方，O_2 分子，F_2 分子，Ne_2 分子では，2p 軌道に関与する電子の合計が 7 個以上になるので，結合性の π_{2p} 軌道と σ_{2p} 軌道だけでは足りない．したがって，反結合性の π^*_{2p} 軌道と σ^*_{2p} 軌道も考える必要がある．このような場合には，σ_{2p}

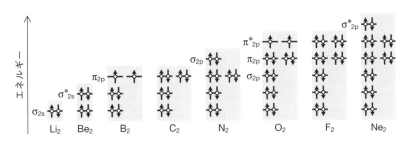

図 13・7　第 2 周期の等核二原子分子のエネルギー準位と電子配置
（σ_{1s} 軌道と σ^*_{1s} 軌道は省略）

軌道のエネルギー準位のほうが π_{2p} 軌道よりも低く，逆に，σ^*_{2p} 軌道のエネルギー準位のほうが π^*_{2p} 軌道よりも高い．

　パウリの排他原理とフントの規則に従って，第 2 周期の元素からなる等核二原子分子の電子配置を図 13・7 に示す（内殻電子のための σ_{1s} 軌道と σ^*_{1s} 軌道は省略）．原子番号が大きくなるにつれて分子の電子が 2 個ずつ増える．すでに説明したように，B_2 分子と O_2 分子では π_{2p} 軌道あるいは π^*_{2p} 軌道に不対電子があるのでラジカルであり，常磁性である．その他の分子はすべての電子がそれぞれの軌道で共有電子対をつくるので反磁性である．N_2 分子は反磁性なので磁石にくっつかないが，O_2 分子は常磁性なので磁石にくっつくという違いがある．また，N_2 分子は反応性が低く不活性ガスとよばれるが，O_2 分子はラジカルなので反応性が高く，ほかの分子との間で容易に反応が起きる．この反応は酸化反応とよばれる．

　それぞれの分子の結合次数を表 13・2 に示す．Li_2 分子の結合性軌道の電子は 2 個であり，反結合性軌道の電子は 0 個だから，結合次数は $(2-0)/2 = 1$ となり，H_2 分子と同様に単結合である．同じ単結合ではあるが，σ_{2s} 軌道に共有電子対がある Li_2 分子の結合距離は，σ_{1s} 軌道に共有電子対がある H_2 分子とはかなり異なる．もちろん，Li_2 分子の結合距離のほうが長い．1s 軌道の電子よりも 2s 軌道の電子のほうが，原子核から離れて存在する確率が大きいからである（図 5・5 参照）．

　Be_2 分子の結合次数は $(2-2)/2 = 0$ だから，He_2 分子と同様に安定には存在

表 13・2　等核二原子分子の結合距離と結合エネルギー

分子	結合次数	結合距離/pm	結合エネルギー/eV
H_2	1	74.1	4.47
He_2	0	安定には存在しない	
Li_2	1	267.2	1.05
Be_2	0	安定には存在しない	
B_2	1	158.9	3.02
C_2	2	124.3	6.21
N_2	3	109.8	9.76
O_2	2	120.8	5.12
F_2	1	141.2	1.60
Ne_2	0	安定には存在しない	

しない．Ne_2 分子も同様に結合次数は $(8-8)/2=0$ だから安定には存在しない．B_2 分子の結合次数は $(4-2)/2=1$, F_2 分子の結合次数は $(8-6)/2=1$ であり，ともに 1 だから単結合である．C_2 分子の結合次数は $(6-2)/2=2$ であり，O_2 分子の結合次数は $(8-4)/2=2$ であり，ともに二重結合である．N_2 分子の結合次数は $(8-2)/2=3$ だから三重結合である．結合次数が増えるに従って結合距離は短くなり，また，結合が強くなるので結合エネルギーは大きくなる．

章末問題

13・1 $-\chi_{2p_z}(A)+\chi_{2p_z}(B)$ の分子軌道を図 13・1 と同じように描くと，どうなるか．また，この分子軌道は結合性か，反結合性か．

13・2 問題 13・1 の分子軌道の対称性はどうなるか．

13・3 z 軸まわりの 180° の回転操作を座標 (x, y, z) で表現すると，どうなるか．

13・4 N_2 分子について，可能性のある 2 種類の電子配置を描け．ただし，内殻電子を除いてよい．

13・5 かりに B_2 分子が反磁性だったとする．結合性軌道の電子数と反結合性軌道の電子数から結合次数を答えよ．

13・6 図 13・7 を参考にして，O_2 分子の 2 価の陽イオン O_2^{2+} のエネルギー準位と電子配置を描け．

13・7 O_2^{2+} の結合次数を求めよ．

13・8 O_2^{2+} は常磁性か，反磁性か．

13・9 O_2^{2+} の結合距離は N_2 分子に比べて長いか，短いか．

13・10 O_2^{2+} の結合距離は 1 価の陽イオン O_2^+ に比べて長いか，短いか．

14
水素原子を含む異核二原子分子

> 等核二原子分子と異なり，異核二原子分子では種類の異なる原子軌道の波動関数の重なりで分子軌道ができる．ここでは，水素原子を含む異核二原子分子について説明する．水素原子と共有結合をつくるためには不対電子が必要である．そこで，2s 軌道と 2p 軌道の直交変換によって sp 混成軌道を用意する．

14・1　水素化リチウムの分子軌道

　等核二原子分子に対して，異なる種類の2個の原子からなる分子を異核二原子分子という．等核二原子分子では2個の原子の軌道の波動関数が全く同じなので，たとえば，1s 軌道と 1s 軌道，あるいは 2s 軌道と 2s 軌道というように，同じ原子軌道で分子軌道を考えた．しかし，異核二原子分子では，名前も形も異なる軌道の波動関数の重なりで，分子軌道を考える必要がある．

　たとえば，水素化リチウム LiH の分子軌道を考えてみよう．H 原子に含まれる電子は1個なので，1s 軌道の波動関数が分子軌道になる．一方，Li 原子には3個の電子があり，そのうち2個は 1s 軌道の内殻電子である．もしも，H 原子の 1s 軌道と分子軌道ができるとすれば，残りの1個の電子（価電子の軌道），すなわち，2s 軌道である．1s 軌道の電子に比べると，2s 軌道の電子のほうが原子核から離れて存在する確率が大きいから，H 原子が Li 原子に近づくときに，Li 原子では 1s 軌道よりも 2s 軌道のほうが分子軌道になると考えられる．しかも，H 原子の 1s 軌道の電子は不対電子であり，Li 原子の 2s 軌道の電子も不対電子であり，これらの電子が共有電子対となる．LiH 分子のエネルギー準位と電子配置を図 14・1 に示す．

　H 原子の 1s 軌道と Li 原子の 2s 軌道の波動関数が同位相ならば結合性の軌道が，逆位相ならば反結合性の軌道ができる．反結合性軌道はエネルギーが高く，

電子基底状態の電子配置に関係ないので，図 14・1 では省略した．また，分子軌道には 1σ, 2σ と名前をつける．等核二原子分子の場合には，たとえば，1s 軌道と 1s 軌道からできる分子軌道に σ_{1s} と名前をつけたが，異核二原子分子の場合には同じ種類の原子軌道とは限らないので，σ 軌道のエネルギー準位の低い順番に 1σ, 2σ, … と名づける．なお，Li 原子の内殻電子の 1s 軌道の波動関数は無限に広がっていて，水素原子の 1s 軌道の波動関数とわずかに重なりがある（§12・4 脚注参照）．原子の状態から分子の状態になると，わずかに原子軌道とは異なるので，Li 原子の 1s 軌道も分子軌道として扱い，1σ 軌道と名づける．また，図 14・1 から明らかなように，結合性軌道の電子は 2σ 軌道の 2 個だから，LiH 分子の結合次数は 1，つまり，単結合である．

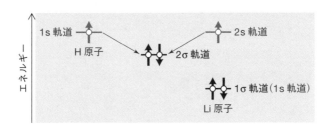

図 14・1　水素化リチウムのエネルギー準位と電子配置

14・2　2s 軌道と $2p_z$ 軌道からできる sp 混成軌道

H 原子が Be 原子と結合した BeH 分子を考えてみよう．Be 原子には 4 個の電子があり，電子配置は $(1s)^2(2s)^2$ である（図 10・3 参照）．しかし，この説明は Be 原子がまわりから何も影響を受けない環境，たとえば，宇宙空間にたった 1 個の Be 原子が存在する状況での話である．つまり，x 軸方向，y 軸方向，z 軸方向に違いがなく，原子のまわりの環境が球対称の状況での話である．今，H 原子が Be 原子に近づくと，H 原子が近づく方向（分子軸）という特別な方向ができる．近づく H 原子には不対電子があり，Be 原子と共有結合をつくろうとするから，Be 原子にも不対電子が必要である．しかし，孤立した状態の Be 原子には不対電子がない．なんとかして，近づく H 原子の不対電子と共有結合をつくるために，Be 原子は不対電子を用意しなければならない．

電子のスピン角運動量を考えなければ，H 原子の 2s 軌道と 2p 軌道のエネルギー固有値は全く同じである（主量子数 n だけに依存する）．一方，一般の原子

14・2 2s 軌道と 2p$_z$ 軌道からできる sp 混成軌道

では,遮蔽効果のために 2p 軌道のエネルギー準位のほうが 2s 軌道よりも高い(§8・5 参照).しかし,両者にはそれほど大きな差があるわけではない.そこで,2s 軌道と 2p 軌道の直交変換(§5・5 参照)によって,新しい二つの原子軌道をつくることにする.新しくできる原子軌道を sp 混成軌道という.波動関数はすべて波動方程式の解であり,複数の解の直交変換もやはり同じ波動方程式の解になる.たとえば,§5・5 では,この考え方に基づいて,磁気量子数 m_l が -1 と $+1$ の二つの複素関数の 2p 軌道($\psi_{2,1,-1}$ と $\psi_{2,1,1}$)を,直交変換によって二つの実関数の $2p_x$ 軌道と $2p_y$ 軌道に変換した.

分子軸の方向(H 原子が近づく方向)を z 軸とする.また,Be 原子の 2s 軌道と $2p_z$ 軌道の波動関数を χ_{2s} と χ_{2p_z} とし,それらの直交変換によってできる二つの sp 混成軌道の波動関数を $\chi_{sp(1)}$ と $\chi_{sp(2)}$ とすれば〔(5・20)式参照〕,

$$\chi_{sp(1)} = \frac{1}{\sqrt{2}}(\chi_{2s} + \chi_{2p_z}) \tag{14・1}$$

$$\chi_{sp(2)} = \frac{1}{\sqrt{2}}(\chi_{2s} - \chi_{2p_z}) \tag{14・2}$$

となる*.sp 混成軌道に変換するために $2p_z$ 軌道を選んだ理由は,$2p_z$ 軌道の波

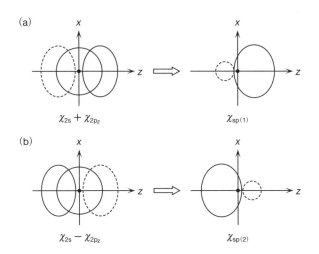

図 14・2 2s 軌道と $2p_z$ 軌道の直交変換でできる二つの sp 混成軌道

---

* 行列を使って表せば $\begin{pmatrix} \chi_{sp(1)} \\ \chi_{sp(2)} \end{pmatrix} = \begin{pmatrix} 1/\sqrt{2} & 1/\sqrt{2} \\ 1/\sqrt{2} & -1/\sqrt{2} \end{pmatrix} \begin{pmatrix} \chi_{2s} \\ \chi_{2p_z} \end{pmatrix}$ である.

動関数がH原子の1s軌道と同じ軸対称（分子軸方向からみると，ともに丸くみえる）だからである．(14・1)式と(14・2)式の原子軌道の波動関数の変化を模式的に表現すると，図14・2のようになる（厳密な計算結果を表した図ではない）．(14・1)式の場合〔図14・2(a)〕，$z>0$の領域では2s軌道も$2p_z$軌道も波動関数の値が正（実線）なので，sp混成軌道の波動関数の値は大きくなる．つまり，電子の存在確率が増える．一方，$z<0$の領域では，2s軌道の波動関数の値が正で2p軌道の波動関数の値が負（破線）なので，電子の存在確率が減る．(14・2)式の場合〔図14・2(b)〕には逆の結果となる．したがって，2s軌道と2p軌道の直交変換によって，電子の存在確率が右と左にかたよった混成軌道$sp_{(1)}$と混成軌道$sp_{(2)}$ができる*．どうして原点で節にならないかについては，章末問題14・5の解答で説明する．

$2p_x$軌道と$2p_y$軌道が縮重したように，$sp_{(1)}$混成軌道と$sp_{(2)}$混成軌道も縮重する．つまり，エネルギー固有値は同じで，単に方向が逆である．不対電子をもつH原子が近づくと，孤立した球対称の環境のなかのBe原子では2s軌道の2個の電子が，1個ずつ二つのsp混成軌道に分かれて不対電子となる．たとえば，H原子がz軸の負の方向から近づくとしよう（座標軸の原点はBe原子の位置）．この場合には，$sp_{(2)}$混成軌道の波動関数$\chi_{sp(2)}$がH原子の1s軌道の波動関数χ_{1s}と重なる．その結果，同位相では実線と実線が重なって，結合性の分子軌道ができ〔図14・3(a)〕，逆位相では実線と破線が重なって反結合性の分子軌道ができる〔図14・3(b)〕．そして，H原子とBe原子の不対電子が安定な結合性軌道で共有電子対をつくれば，共有結合ができる．

$sp_{(1)}$混成軌道の波動関数$\chi_{sp(1)}$もz軸の負の方向から近づくH原子の1s軌道

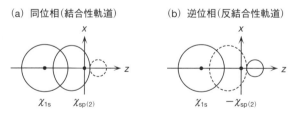

(a) 同位相（結合性軌道）　　　(b) 逆位相（反結合性軌道）

χ_{1s}　$\chi_{sp(2)}$　　　　　χ_{1s}　$-\chi_{sp(2)}$

図14・3　水素原子の1s軌道とベリリウム原子の$sp_{(2)}$混成軌道の重なり

---

* ここでは，1個の原子の二つの原子軌道の直交変換によってできる"原子軌道"の説明をしている．2個の原子のそれぞれの原子軌道の線形結合によってできる結合性と反結合性の2種類の"分子軌道"と混乱してはいけない．

の波動関数 χ_{1s} と重なる．この場合には同位相が反結合性軌道，逆位相が結合性軌道となるが（図 14・4），いずれも $z<0$ の領域で波動関数 $\chi_{sp(1)}$ の値が小さく，H 原子の χ_{1s} との重なりは小さく，共有結合にほとんど寄与しない．

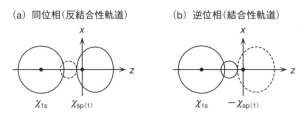

図 14・4 水素原子の 1s 軌道とベリリウム原子の sp$_{(1)}$ 混成軌道の重なり

H 原子が z 軸の正の方向から近づく場合も全く同様の結果が得られる．単に $\chi_{sp(1)}$ と $\chi_{sp(2)}$ を交換して考えればよい．分子軸（z 軸）とそれに垂直な軸（x 軸と y 軸）には大きな違いがあるが，分子軸が正の方向か負の方向かは意味がない．

13 章で説明した等核二原子分子の場合には混成軌道を考えなかった．その理由は，Be 原子，Ne 原子を除いて，すべての原子に不対電子があるからである（図 10・3 参照）．わざわざ混成軌道をつくらなくても，2 個の原子それぞれの不対電子が共有結合をつくる．

14・3 水素化ベリリウムと水素化ホウ素のエネルギー準位と電子配置

BeH 分子のエネルギー準位と電子配置を図 14・5 に示す．孤立した状態の Be 原子では，遮蔽効果のために 2p 軌道のエネルギー準位のほうが 2s 軌道よりも高いので，2p 軌道のエネルギー準位（2p$_x$ および 2p$_y$）を sp 混成軌道よりも高

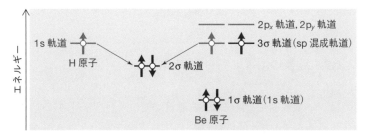

図 14・5 水素化ベリリウムのエネルギー準位と電子配置

く描いた．また，2p 軌道も sp 混成軌道も二つの軌道が縮重しているので，2 本の水平線を描いた．フントの規則に従って，二つの sp 混成軌道のそれぞれの電子のスピン角運動量の向きは同じにした．なお，図 14・3 および図 14・4 で説明したように，H 原子の 1s 軌道と Be 原子の sp 混成軌道から結合性軌道のほかに反結合性軌道もできる．しかし，エネルギー準位が Be 原子の 2p 軌道よりも高いので図 14・5 では省略した．2s 軌道と $2p_z$ 軌道の直交変換によってできる sp 混成軌道は，分子軸方向からみると s 軌道と同じ形である．したがって，共有結合をつくらないもう一つの sp 混成軌道を 3σ 軌道と名づけた（§12・1 脚注参照）．結局，BeH 分子の電子配置は $(1\sigma)^2(2\sigma)^2(3\sigma)^1$ となる．3σ 軌道に不対電子があるので，BeH 分子は常磁性である．

Be 原子の代わりに，B 原子に H 原子が近づくとする．B 原子の電子は Be 原子よりも 1 個多い．図 14・5 の BeH 分子のエネルギー準位図では，H 原子との共有結合に参加しない sp 混成軌道（3σ 軌道）の電子は不対電子である．つまり，もう 1 個の電子がスピン角運動量の向きを逆にして，3σ 軌道で電子対になる．これらの電子は共有結合に関与しないので，非共有電子対あるいは孤立電子対という．BH 分子の電子配置は $(1\sigma)^2(2\sigma)^2(3\sigma)^2$ である．エネルギー準位を図 14・6 に示す．

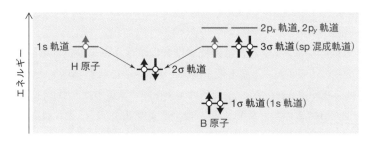

図 14・6　水素化ホウ素のエネルギー準位と電子配置

14・4　水素化炭素のエネルギー準位と電子配置

次に，CH 分子について考えてみよう．図 14・6 の BH 分子のエネルギー準位の図では，sp 混成軌道である 3σ 軌道はすでに非共有電子対になっていて，もはや 3 個目の電子は 3σ 軌道にはなれない．そこで，仕方なく次にエネルギーの高い 2p 軌道（$2p_x$ 軌道または $2p_y$ 軌道）になる．2p 軌道の波動関数は H

14・4 水素化炭素のエネルギー準位と電子配置

原子の 1s 軌道と分子軌道をつくらないのだろうか。これを理解するためには，§11・4 で説明した重なり積分 γ を考える必要がある。H 原子の 1s 軌道と C 原子の $2p_x$ 軌道の波動関数が重なる場合を以下に説明する（$2p_y$ 軌道でも結果は同じ）。

図 14・7(a) の $x<0$ の領域では，H 原子の波動関数 χ_{1s} の値が正（実線），C 原子の波動関数 χ_{2p_x} の値が負（破線）なので，この領域での重なり積分の値は負になる（ここでは座標 x だけに着目しているので，積分因子 $d\tau$ を dx とする）。

$$\int_{-\infty}^{0} \chi_{1s}\chi_{2p_x} dx < 0 \qquad (14\cdot 3)$$

一方，$x>0$ の領域では，H 原子の波動関数 χ_{1s} の値が正（実線），C 原子の波動関数 χ_{2p_x} の値が正（実線）なので，この領域での重なり積分の値は正になる。

$$\int_{0}^{+\infty} \chi_{1s}\chi_{2p_x} dx > 0 \qquad (14\cdot 4)$$

結局，重なり積分 γ は全空間で積分すると，$x<0$ の領域の値と $x>0$ の領域の値は大きさが同じで符号が逆だから相殺されて 0 になる。

$$\gamma = \int_{-\infty}^{+\infty} \chi_{1s}\chi_{2p_x} dx = \int_{-\infty}^{0} \chi_{1s}\chi_{2p_x} dx + \int_{0}^{+\infty} \chi_{1s}\chi_{2p_x} dx = 0 \qquad (14\cdot 5)$$

相殺されるということは重なりがないということだから，分子軌道はできない。このように，重なり積分が 0 になる二つの関数を"直交している"と表現する。なお，C 原子の波動関数 χ_{2p_x} の符号を逆にしても〔図 14・7(b)〕，あるいは，H 原子の波動関数 χ_{1s} の符号を逆にしても，重なり積分の値は $x>0$ の領域の値と $x<0$ の領域の値が相殺する。

直交する二つの波動関数では，重なり積分 γ と同様に共鳴積分〔(11・22)式参照〕も 0 となる。実際に計算すると，

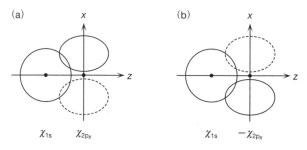

図 14・7　水素原子の 1s 軌道と炭素原子の $2p_x$ 軌道の直交性

$$\beta = \int_{-\infty}^{+\infty} \chi_{1s} \hat{H} \chi_{2p_x} d\tau = \int_{-\infty}^{+\infty} \chi_{1s} E \chi_{2p_x} d\tau = E \int_{-\infty}^{+\infty} \chi_{1s} \chi_{2p_x} d\tau$$
$$= E\gamma = 0 \qquad (14 \cdot 6)$$

となる（$\hat{H}$は分子のハミルトン演算子なので，Eは2p$_x$軌道のエネルギー固有値ではない）．重なり積分γが0で，共鳴積分βが0なので，分子軌道のエネルギーは原子軌道のエネルギーと変わらない，つまり，分子になってもばらばらの原子の状態よりも安定にならないので分子軌道はできない．

CH分子のエネルギー準位と電子配置を図14・8に示す．2p$_x$軌道または2p$_y$軌道に不対電子があるのでラジカルである．なお，2p$_x$軌道も2p$_y$軌道も分子軌道として扱えば1π軌道である．分子軸方向からみると2p軌道にみえるので，σ軌道ではなくπ軌道である．数字の1はπ軌道のなかで最もエネルギーが低いことを表す．結局，CH分子の電子配置は $(1\sigma)^2(2\sigma)^2(3\sigma)^2(1\pi)^1$ となる．

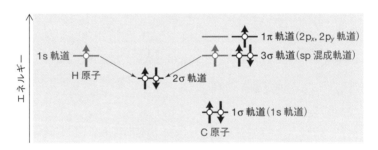

図 14・8　水素化炭素のエネルギー準位と電子配置

14・5　その他の水素を含む異核二原子分子

それではNH分子について考えてみよう．CH分子に比べると，さらに1個の電子が増える．図14・8のCH分子のエネルギー準位を参考にすると，新たな電子は1π軌道になる．すでに説明したが，2p$_x$軌道と2p$_y$軌道が縮重しているように，1π軌道も二つの軌道（1π$_x$軌道と1π$_y$軌道）が縮重している．そこで，パウリの排他原理に従って，それぞれ1個ずつの電子が1π$_x$軌道と1π$_y$軌道で不対電子になって，スピン角運動量の向きをそろえる．NH分子の電子配置は $(1\sigma)^2(2\sigma)^2(3\sigma)^2(1\pi_x)^1(1\pi_y)^1$ となる．同様にして，OH分子の電子配置は $(1\sigma)^2(2\sigma)^2(3\sigma)^2(1\pi_x)^2(1\pi_y)^1$ となり，また，HF分子の電子配置は $(1\sigma)^2(2\sigma)^2(3\sigma)^2(1\pi_x)^2(1\pi_y)^2$ となる．なお，ネオンの水素化物であるNeH分子

14・5 その他の水素を含む異核二原子分子

は安定には存在しない. Ne 原子は 2s 軌道と 2p 軌道のすべての電子が対をつくっていて, そもそも共有結合をつくる不対電子がないからである*.

水素を含む異核二原子分子の電子配置を図 14・9 にまとめた. BeH 分子, CH 分子, NH 分子, OH 分子には不対電子があるから常磁性である. 一方, LiH 分子, BH 分子, HF 分子では, すべての電子が共有電子対または非共有電子対なので, 電子のスピン角運動量が相殺されて反磁性である.

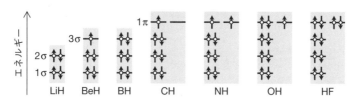

図 14・9 水素を含む異核二原子分子のエネルギー準位と電子配置

水素を含む異核二原子分子の結合距離と結合エネルギーを表 14・1 に示す. 結合性軌道の電子は図 14・9 の 2σ 軌道の 2 個の電子であり, 結合次数はすべて 1 である. 表 14・1 をみるとわかるように, 結合距離は原子番号が大きくなるにつれて短くなる. 同じ単結合でも, 原子番号が大きくなるにつれて原子核の電荷が大きくなり, 電子が原子核に強く引き寄せられるようになるからである. つまり, 同じ 2σ 軌道でも, 原子番号が大きくなるにつれて, 電子の存在確率は原子核の近くで大きくなる (図 8・2 参照). また, 原子番号が大きくな

表 14・1 水素を含む異核二原子分子の結合距離と結合エネルギー

分子	結合次数	結合距離/pm	結合エネルギー/eV
LiH	1	159.5	2.56
BeH	1	134.3	2.34
BH	1	123.2	3.43
CH	1	111.8	3.51
NH	1	103.8	3.69
OH	1	97.0	4.44
HF	1	91.7	5.89
NeH		安定には存在しない	

---

* Ne 原子では主量子数 n の異なる 2p 軌道と 3s 軌道の直交変換によって sp 混成軌道をつくることになるが, 二つの軌道のエネルギー固有値が離れ過ぎていて無理である.

るにつれて原子核の電荷が大きくなり，2σ軌道の電子と原子核との静電引力は強くなる．その結果，結合エネルギーは大きくなる．ただし，LiH分子はHe原子と同じように閉殻になっていて（すべての電子が対をなしていて）安定化しているために，BeH分子よりも結合エネルギーが大きいと思われる．同様にHF分子の結合エネルギーも他の水素化物に比べてかなり大きい．

章末問題

14・1 LiH分子の結合性軌道と反結合性軌道の波動関数を，H原子の1s軌道の波動関数χ_{1s}とLi原子の2s軌道の波動関数χ_{2s}で表せ．

14・2 BeH分子の結合性軌道と反結合性軌道の波動関数を，H原子の1s軌道の波動関数χ_{1s}と，Be原子の2s軌道と2p軌道の波動関数χ_{2s}とχ_{2p}で表せ．

14・3 BeH分子のエネルギー準位で，H原子の1s軌道とBe原子のsp混成軌道からできる反結合性軌道の名前を答えよ．また，その軌道のエネルギー準位は2p軌道よりも高いか，低いか．

14・4 表5・1を参考にして，BeH分子のH原子の2s軌道および$2p_z$軌道の波動関数から，$sp_{(1)}$混成軌道の波動関数$\chi_{sp(1)}$を求めよ．

14・5 問題14・4の$sp_{(1)}$混成軌道の波動関数$\chi_{sp(1)}$について，節を表すrとzの関係式を求めよ．

14・6 図14・8を参考にして，H原子とO原子の原子軌道とOH分子の分子軌道のエネルギー準位の関係図を描け．

14・7 図14・8を参考にして，H原子とF原子の原子軌道とHF分子の分子軌道のエネルギー準位の関係図を描け．

14・8 実際にはNe原子は閉殻なので，3s軌道を使わないと不対電子をつくれない．H原子の1s軌道とNe原子のsp混成軌道の反結合性軌道を考えると，NeH分子が存在する可能性がある．図14・8に対応するエネルギー準位と電子配置の図を描け．

14・9 問題14・8で，NeH分子は常磁性か，反磁性か．

14・10 問題14・8で，NeH分子の結合次数はどうなるか．

15
一般の異核二原子分子

> 水素原子を含まない異核二原子分子では，それぞれの原子の 2s 軌道あるいは 2p 軌道の電子が分子軌道に関与する．そうすると，等核二原子分子の分子軌道と同じような考察が可能となる．結合次数は結合性軌道の電子数と反結合性軌道の電子数で決まり，結合距離も結合エネルギーも結合次数に従って変化する．

15・1 フッ化リチウムのエネルギー準位と電子配置

前章では H 原子を含む異核二原子分子の分子軌道を調べた．ここでは，N 原子，O 原子あるいは F 原子を含む第 2 周期の元素の異核二原子分子の分子軌道を調べてみよう．窒化物，酸化物，フッ化物が前章で説明した水素化物と何が違うかというと，分子を構成する 2 個の原子のそれぞれの 2s 軌道あるいは 2p 軌道に価電子があり，等核二原子分子の軌道の考え方を近似的に使えるということである．つまり，2s 軌道が重なってできる結合性軌道と反結合性軌道と，2p 軌道が重なってできる結合性軌道と反結合性軌道を近似的に考えることも可能である．

まずは，2s 軌道に電子がある Li 原子のフッ化物について考えてみよう．フッ化リチウム LiF というと，塩化ナトリウム NaCl の結晶（塩）のようにイオン結合を思い出す人もいるかもしれない．しかし，LiF や NaCl のようなイオン結晶でも，真空中で加熱して蒸発させて気体にすると，共有結合した異核二原子分子ができる．Li 原子には 3 個の電子があり，その電子配置は $(1s)^2(2s)^1$ である．1s 軌道の 2 個の電子は内殻電子である．2s 軌道の価電子が不対電子なので，この電子が共有結合をつくる．ただし，Li 原子の 2p 軌道には電子がないので，とりあえず，§14・1 の LiH 分子と同様に，sp 混成軌道を考えないことにする．Li 原子の 2s 軌道の波動関数と重なる F 原子の原子軌道は，直交していない 2s 軌道あるいは $2p_z$ 軌道である（§14・4 参照）．たとえば，F 原子の不対電子が $2p_z$ 軌道の電子であるとすれば，Li 原子の 2s 軌道の波動関数と重

なって結合性の3σ軌道と反結合性の5σ軌道となる．どうして，反結合性の軌道を4σ軌道ではなく5σ軌道と名づけたかというと，分子軌道をつくらないF原子のもとの2s軌道（これを4σ軌道と名づける）よりもエネルギーが高いからである．

3σ軌道と5σ軌道の波動関数（3σと5σとする）を式で表せば，

$$3\sigma = a\chi_{2s}(\text{Li}) + b\chi_{2p_z}(\text{F}) \tag{15・1}$$

$$5\sigma = a'\chi_{2s}(\text{Li}) - b'\chi_{2p_z}(\text{F}) \tag{15・2}$$

となる．ここで，$\chi_{2s}(\text{Li})$ は "Li原子の2s軌道の波動関数" を表す．また，Li原子の2s軌道の波動関数とF原子の2p$_z$軌道の波動関数は種類の異なる波動関数であり，重なりがどのくらいかわからないので，それぞれの波動関数に係数をつけた．たとえば，$a \approx b$ ならば3σ軌道は $\chi_{2s}(\text{Li})$ と $\chi_{2p_z}(\text{F})$ の重なりが大きく，また，$a \approx 1$ および $b \approx 0$ ならば，3σ軌道はもとの原子軌道 $\chi_{2s}(\text{Li})$ とほとんど変わらないという意味である．等核二原子分子ならば，それぞれの原子の波動関数は同じなので，$a = b = 1/\sqrt{2+2\gamma}$ である〔(11・17)式参照〕．

LiF分子のエネルギー準位と電子配置を図15・1に示す．分子軌道の名前で表せば，$(1\sigma)^2(2\sigma)^2(3\sigma)^2(4\sigma)^2(1\pi)^4$ となる．1σ軌道の電子対はF原子の内殻電子，2σ軌道の電子対はLi原子の内殻電子であり，ともに分子をつくる前の原子軌道とほとんど変わらない．F原子の原子核のほうが電荷が大きくて，内殻電子のエネルギーが低いので1σ軌道とした．結合性軌道の3σ軌道には2個の電子があり，結合次数は1，つまり，LiF分子は単結合である．4σ軌道と1π軌道（1π$_x$軌道と1π$_y$軌道）も分子になる前の原子軌道とほとんど変わらない．これらの軌道の電子は非共有電子対である．

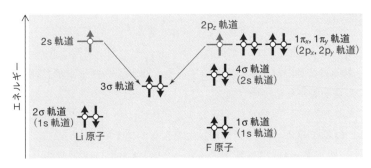

図15・1 フッ化リチウムのエネルギー準位と電子配置

15・2 混成軌道を使ったフッ化リチウムの分子軌道の説明

図15・1では,F原子の2s軌道(4σ軌道)の電子は,Li原子の2s軌道の電子とは分子軌道をつくらない非共有電子対として扱かった.しかし,すでに述べたように,F原子の2s軌道は$2p_z$軌道と同様に,Li原子の2s軌道に直交しない波動関数だから,ともにLi原子の2s軌道の波動関数と重なって分子軌道をつくる可能性がある.そこで,§14・2のBeH分子で説明したように,まずは,F原子の2s軌道と$2p_z$軌道が直交変換によって二つのsp混成軌道になると考える.そして,たとえば,$sp_{(2)}$混成軌道とLi原子の2s軌道が結合性軌道と反結合性軌道をつくるとする.式で表せば,

$$3\sigma = a\chi_{2s}(\mathrm{Li}) + b\chi_{2sp(2)}(\mathrm{F}) \qquad (15・3)$$
$$5\sigma = a'\chi_{2s}(\mathrm{Li}) - b'\chi_{2sp(2)}(\mathrm{F}) \qquad (15・4)$$

となる.残りの$sp_{(1)}$混成軌道は4σ軌道となり,2個の電子が非共有電子対となる.混成軌道を使ったLiF分子のエネルギー準位と電子配置を図15・2に示す.

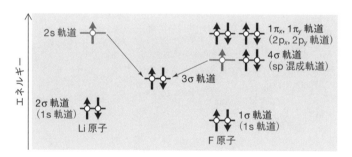

図15・2 フッ化リチウムのエネルギー準位と電子配置
(sp混成軌道で考える)

図15・1では,F原子の2s軌道とLi原子の2s軌道は波動関数の重なりが全くないと考えている.一方,図15・2では,sp混成軌道をつくることによって,F原子の2s軌道と$2p_z$軌道が50%ずつLi原子の2s軌道と波動関数の重なりがあると考えている.実際の分子では,両者の間(0~50%)であると考えられる.どういうことかというと,$sp_{(2)}$混成軌道の波動関数$\chi_{sp(2)}$の(14・2)式を(15・3)式と(15・4)式に代入すると,

$$3\sigma = a\chi_{2s}(\mathrm{Li}) + b\frac{1}{\sqrt{2}}\{\chi_{2s}(\mathrm{F}) - \chi_{2p_z}(\mathrm{F})\} \qquad (15・5)$$

$$5\sigma = a'\chi_{2s}(\text{Li}) - b'\frac{1}{\sqrt{2}}\{\chi_{2s}(\text{F}) - \chi_{2p_z}(\text{F})\} \qquad (15 \cdot 6)$$

となるが,実際の分子では,Li 原子の 2s 軌道, F 原子の 2s 軌道と $2p_z$ 軌道が適当に混ざっているので,それぞれの関数に係数をつけ直して,

$$3\sigma = a\chi_{2s}(\text{Li}) + \{b\chi_{2s}(\text{F}) + c\chi_{2p_z}(\text{F})\} \qquad (15 \cdot 7)$$

$$5\sigma = a'\chi_{2s}(\text{Li}) - \{b'\chi_{2s}(\text{F}) + c'\chi_{2p_z}(\text{F})\} \qquad (15 \cdot 8)$$

と考えるという意味である.もしも, $b = b' = 0$ ならば F 原子の 2s 軌道を考えないことになるから,図 15・1 のエネルギー準位となる.もしも, $b = c$ および $b' = c'$ ならば sp 混成軌道を考えることになるから,図 15・2 のエネルギー準位となる.結局,分子のエネルギー準位や電子配置を考えるときに,もとの原子軌道に基づいて考えるか,混成軌道に基づいて考えるかは,重要な意味をもたない[*1].

15・3 フッ化ベリリウムのエネルギー準位と電子配置

次に, Be 原子のフッ化物である BeF 分子を考えてみよう. Be 原子は Li 原子に比べて電子の数が 1 個増えるので,その電子配置は $(1s)^2(2s)^2$ となる.ただし,このままでは不対電子がなく,共有結合をつくることができないから, 1 個の電子が 2s 軌道から 2p 軌道に移る可能性も考えよう.そうすると, BeF 分子の分子軌道は,等核二原子分子のように, Be 原子も F 原子も 2s 軌道あるいは 2p 軌道からできるので,次のように考えることにする(内殻電子は省略).

$$3\sigma = a\chi_{2s}(\text{Be}) + b\chi_{2s}(\text{F}) \rightarrow \sigma_{2s} \qquad (15 \cdot 9)$$

$$4\sigma = a\chi_{2s}(\text{Be}) - b\chi_{2s}(\text{F}) \rightarrow \sigma^*_{2s} \qquad (15 \cdot 10)$$

$$5\sigma = a\chi_{2p_z}(\text{Be}) - b\chi_{2p_z}(\text{F}) \rightarrow \sigma_{2p_z} \qquad (15 \cdot 11)$$

$$1\pi_x = a\chi_{2p_x}(\text{Be}) + b\chi_{2p_x}(\text{F}) \rightarrow \pi_{2p_x} \qquad (15 \cdot 12)$$

$$1\pi_y = a\chi_{2p_y}(\text{Be}) + b\chi_{2p_y}(\text{F}) \rightarrow \pi_{2p_y} \qquad (15 \cdot 13)$$

$$2\pi_x = a\chi_{2p_x}(\text{Be}) - b\chi_{2p_x}(\text{F}) \rightarrow \pi^*_{2p_x} \qquad (15 \cdot 14)$$

[*1] たとえば,平面の図形を表現するときに, (x, y) 座標で表すか,座標軸を $45°$ 回転させた $(x+y, x-y)$ 座標で表すかの違いである.表現しやすい座標で図形を表せばよくて,どちらかが正しくて,どちらかが間違っているという問題ではない.原子軌道は単位ベクトル $(\mathbf{e}_x, \mathbf{e}_y)$ に相当し,それらの直交変換によってできる新たな単位ベクトル $[(\mathbf{e}_x+\mathbf{e}_y)/\sqrt{2}, (\mathbf{e}_x-\mathbf{e}_y)/\sqrt{2}]$ が混成軌道に相当する.一般の座標は(つまり,分子軌道は)いずれの単位ベクトルでも(つまり,原子軌道でも混成軌道でも)表すことができる.

15・3 フッ化ベリリウムのエネルギー準位と電子配置

$$2\pi_y = a\chi_{2p_y}(\text{Be}) - b\chi_{2p_y}(\text{F}) \to \pi^*_{2p_y} \quad (15・15)$$

$$6\sigma = a\chi_{2p_z}(\text{Be}) + b\chi_{2p_z}(\text{F}) \to \sigma^*_{2p_z} \quad (15・16)$$

ただし,係数 a, b はそれぞれの分子軌道で異なる値を示す.

(15・9)式〜(15・16)式の → の右側に対応する等核二原子分子の軌道の名前を示した.1π軌道も2π軌道もそれぞれ二つの分子軌道(π_x と π_y)が縮重している.なお,$2p_z$ 軌道が関与するσ軌道では,逆位相(5σ軌道)が結合性軌道になり,同位相(6σ軌道)が反結合性軌道になる(§13・1参照).結合性の5σ軌道と1π軌道のどちらのエネルギー準位が低いかは,すぐには決められない.等核二原子分子の Be_2 分子では2p軌道の電子が0個(6個以下)なので,5σ軌道(σ_{2p_z} 軌道)よりも1π軌道(π_{2p} 軌道)のエネルギー準位のほうが低いと考えられる(§13・5参照).逆に,F_2 分子では2p軌道の電子が10個(7個以上)なので,5σ軌道(σ_{2p_z} 軌道)のエネルギー準位のほうが低い.そうすると,Be原子とF原子からなるBeF分子では,どちらの軌道のエネルギー準位が低いかは定かではない.一電子近似はあくまでも近似であり,エネルギー準位の順番を厳密に求めることはできない.ここでは,Be原子とF原子の2p軌道の電子の合計が6個以下なので,1π軌道のエネルギー準位のほうが低いと仮定して,BeF分子のエネルギー準位と電子配置を図15・3に示す.

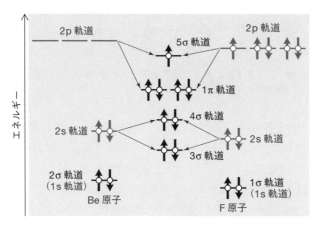

図 15・3 フッ化ベリリウムのエネルギー準位と電子配置

内殻電子を除くと,Be原子には2個の価電子が2s軌道にあり,F原子には7個の価電子が2s軌道または2p軌道にある.合計9個の電子を3σ軌道,4σ

軌道，1π 軌道（$1\pi_x$ 軌道と $1\pi_y$ 軌道），5σ 軌道の順番に配置すればよい．BeF 分子の電子配置は内殻電子を除いて $(3\sigma)^2(4\sigma)^2(1\pi)^4(5\sigma)^1$ となる．結合性軌道（3σ, 1π, 5σ）の電子は 7 個であり，反結合性軌道（4σ）の電子は 2 個だから，結合次数は $(7-2)/2 = 2.5$，つまり，2.5 重結合となる．また，5σ 軌道に不対電子があるので BeF 分子は常磁性である．

15・4　その他の異核二原子分子の電子配置と結合次数

BF 分子に含まれる電子は BeF 分子よりも 1 個多いから，内殻電子を除いた電子配置は $(3\sigma)^2(4\sigma)^2(1\pi)^4(5\sigma)^2$ となる．含まれるすべての軌道の電子が対をつくるから反磁性である．図 15・4 では，B 原子と F 原子の 2p 軌道の電子の合計が 6 個以下なので，1π 軌道のエネルギー準位のほうが 5σ 軌道よりも低いと仮定して，エネルギー準位と電子配置を描いた．BF 分子の結合性軌道（3σ, 5σ, 1π）の電子は 8 個，反結合性軌道（4σ）の電子は 2 個だから，結合次数は $(8-2)/2 = 3$，つまり，三重結合となる．

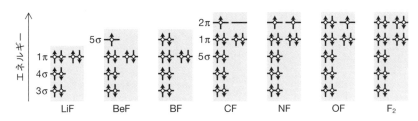

図 15・4　フッ素を含む異核二原子分子（F_2 を含む）のエネルギー準位と電子配置（内殻電子は省略）

F 原子を含むその他の二原子分子の電子配置を図 15・4 で比較した．2p 軌道の電子の合計が 7 個以上の場合には，結合性軌道に関しては 5σ 軌道のエネルギーのほうが 1π 軌道よりも低く，また，反結合性軌道に関しては 6σ 軌道のエネルギーのほうが 2π 軌道よりも高いと仮定した（§13・5 参照）．CF 分子になると，BF 分子に比べてさらに 1 個の電子が増える．結合性の 5σ 軌道と 1π 軌道はパウリの排他原理のために，もはや電子を受け入れることはできない．そこで，新しく増えた 1 個の電子は，仕方なくエネルギーの高い反結合性の 2π 軌道になる．2π 軌道は二つの軌道が縮重しているので，合計 4 個の電子まで受け入れることができる．したがって，CF 分子から NF 分子，OF 分子，FF 分子

(等核二原子分子の F_2) になるにつれて, 反結合性軌道の電子が 1 個ずつ増えるが, フントの規則とパウリの排他原理に従って, 電子を配置すればよい. その結果, 結合次数も順番に 0.5 ずつ小さくなる. 原理的には NeF も可能であるが, Ne 原子は 2s 軌道も 2p 軌道もすべての電子が対になっていて不対電子をもたないので, 共有結合をつくらない (§14・5 参照). なお, NF 分子は常磁性であることが実験でわかっている. このことは 6σ 軌道よりも 2π 軌道のエネルギー準位のほうが低いと仮定すると説明できる. 逆に, 6σ 軌道のエネルギー準位のほうが低いと仮定すると, すべての電子が対となってスピン角運動量が相殺されて, NF 分子は反磁性になってしまう.

今度は, F 原子を含まない窒化物, 酸化物の電子配置を調べてみよう. BN 分子の電子配置を図 15・5 に示す. 図 15・4 と同様に, 内殻電子は省略してある. 最近の実験では, BN 分子は常磁性を示すことがわかっている. そうすると, F 原子を含む異核二原子分子と同様に, 5σ 軌道のエネルギーのほうが 1π 軌道よりも安定であると仮定する必要がある. このように仮定すれば, 2 個の電子がフントの規則に従って, 縮重した二つの 1π 軌道で不対電子になり, BN 分子が常磁性であることを説明できる (章末問題 15・8). BN 分子の結合性軌道(3σ, 5σ, 1π)の電子は 6 個であり, 反結合性軌道(4σ)の電子は 2 個だから, 結合次数は 2 〔= (6−2)/2〕 となり, 二重結合である.

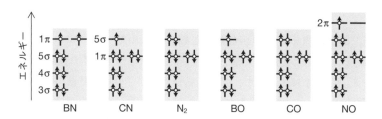

図 15・5 窒素または酸素を含む異核二原子分子(N_2 を含む)のエネルギー準位と電子配置 (内殻電子は省略)

BN 分子の電子配置は例外であり, その他の F 原子を含まない窒化物, 酸化物は, 等核二原子分子である N_2 分子と同様に, 1π 軌道のエネルギーのほうが 5σ 軌道よりも低いと考えられている (図 15・5). BN 分子よりも電子が 1 個多い CN 分子では, 5σ 軌道に不対電子があるので常磁性である. また, CN 分子の結合性軌道の電子は 7 個であり, 反結合性軌道の電子は 2 個だから, 結合

次数は$(7-2)/2 = 2.5$となる．つまり，CN分子の共有結合は2.5重結合である．

窒化物のCN分子を酸化物のBO分子と比べると面白いことがわかる．B原子はC原子よりも電子が1個少ないが，逆に，O原子はN原子よりも電子が1個多い．原子の状態では全く異なる元素であるが，二原子分子になると電子数は同じである．このような分子を等電子的な分子といい，化学的性質や反応性が似ている．もちろん，結合次数も同じである．図15・5に示すBO分子とCN分子の分子軌道の電子配置からわかるように，両者ともに$(3\sigma)^2(4\sigma)^2(1\pi)^4(5\sigma)^1$であり，結合次数は2.5である．

CO分子はBO分子よりも電子が1個多い．BO分子の電子配置では5σ軌道の電子は不対電子であり，もう1個の電子を受け入れる余裕がある．CO分子の電子配置は図15・5のようになる．すべての電子が対になるので，CO分子は反磁性である．また，CO分子では結合性軌道$(3\sigma, 1\pi, 5\sigma)$の電子は8個であり，反結合性軌道(4σ)の電子は2個であり，結合次数は$(8-2)/2 = 3$となる．CO分子の共有結合はBF分子と同様に最も強い三重結合となる．NO分子はCO分子よりも電子が1個多い．その結果，NO分子では反結合性の2π軌道に不対電子ができる（図15・5）．NO分子の結合次数はCO分子よりも0.5小さく，$(8-3)/2 = 2.5$である．1π軌道と5σ軌道のエネルギー準位が逆転する可能性があるが，結合次数は変わらない．

15・5　異核二原子分子の結合距離と結合エネルギー

N原子，O原子，またはF原子を含む異核二原子分子の結合距離と結合エネルギーを表15・1にまとめた．分子の結合次数が2の場合には，結合を＝で，2.5の場合には≡で，3の場合には≡などと表した．結合次数は図15・1〜図15・5などの結合性軌道と反結合性軌道の電子数から計算できる．また，それぞれの分子の上段の数字が結合距離，下段の括弧内の数字が結合エネルギーを表す．比較のために等核二原子分子（N_2分子，O_2分子，F_2分子）の値も書き加えてある（表13・2参照）．

窒化物（表15・1上段）では等核二原子分子のN_2分子が三重結合であり，結合距離は最も短く，逆に，結合エネルギーは最も大きい．N_2分子の両隣のCN分子とNO分子はN_2分子に比べて結合性軌道の電子が1個減るか，または，反結合性軌道の電子が1個増えるので，ともに結合次数は0.5減って2.5となる．

15・5 異核二原子分子の結合距離と結合エネルギー

表 15・1 窒素, 酸素, フッ素を含む異核二原子分子(N_2, O_2, F_2 を含む)の結合距離と結合エネルギー†

	Li	Be	B	C	N	O	F
窒化物			B=N 128.1 (4.03)	C≡N 117.2 (7.59)	N≡N 109.8 (9.76)	N≡O 115.1 (6.55)	N=F 131.7 (3.12)
酸化物		Be=O 133.1 (4.64)	B≡O 120.5 (8.16)	C≡O 112.8 (11.15)	N≡O 115.1 (6.55)	O=O 120.8 (5.12)	O≡F 135.8 (1.96)
フッ化物	Li−F 156.4 (1.43)	Be≡F 136.1 (5.98)	B≡F 126.3 (7.94)	C≡F 127.2 (4.60)	N=F 131.7 (3.12)	O≡F 135.8 (1.96)	F−F 141.2 (1.60)

† 上段の数字は結合距離 (/pm), 下段の括弧内の数字は結合エネルギー (/eV).

したがって, N_2 分子に比べて結合距離は長くなり, 結合エネルギーは小さくなる. さらに, それらの隣の BN 分子と NF 分子の結合次数は 2 となる. 結合次数が小さくなれば結合距離は長くなり, 結合エネルギーは小さくなる.

N_2 分子と等電子的な酸化物は左斜め下に配置された CO 分子である. CO 分子の結合次数は N_2 分子と同じ 3 であり, 酸化物 (表 15・1 中段) のなかでは最も結合距離が短く, 結合エネルギーは最も大きい. CO 分子の両隣の BO 分子と NO 分子の結合次数は 2.5, さらに, それらの隣の BeO 分子と O_2 分子の結合次数は 2 である. 窒化物と同様の傾向が酸化物でもみられる. CO 分子と等電子的なフッ化物は左斜め下に配置された BF 分子である. BF 分子の結合次数は CO 分子や N_2 分子と同様に 3 であり, フッ化物 (表 15・1 下段) のなかでは最も結合距離が短く, 結合エネルギーは最も大きい. BF 分子の両隣の BeF 分子と CF 分子の結合次数は 2.5, CF 分子の隣の NF 分子の結合次数は 2, さらに隣の OF 分子の結合次数は 1.5, そして, 等核二原子分子の F_2 の結合次数は 1 となっていて, しだいに小さくなる. 窒化物, 酸化物と同様の傾向がフッ化物でもみられる. ただし, LiF 分子は BeF 分子の隣であるが, 結合次数は 2 ではない. §15・1 で述べたように, Li 原子の価電子は 1 個なので, LiF 分子の共有結合の電子は 2 個であり, 結合次数は 1 である (4σ 軌道と 1π 軌道の電子は非共有電子対). LiF 分子の結合距離は他の分子よりもかなり長く, 結合エネルギーもかなり小さい. なお, 表 15・1 で空欄になっている分子は反応性が高く, 不安定なために実験結果が得られていない.

章末問題

15・1 二原子分子の分子軸を z とする．次のそれぞれの原子の原子軌道の波動関数から，分子軌道ができる組合せはどれか．
(a) χ_{2s} と χ_{2p_x} (b) χ_{2s} と χ_{2p_z} (c) χ_{2p_x} と χ_{2p_x} (d) χ_{2p_x} と χ_{2p_y}
(e) χ_{2p_x} と χ_{2p_z}

15・2 (15・2)式で，等核二原子分子の場合には a' と b' の関係はどのようになるか．

15・3 BeH 分子に関する図 14・3 と図 14・4 を参考にして，F 原子の右側から Li 原子が近づく場合に，(15・3)式と(15・4)式で表される 3σ 軌道と 5σ 軌道の図を描け．

15・4 LiF 分子の図 15・2 を参考にして，Be 原子も F 原子も sp 混成軌道であると仮定して，BeF 分子の分子軌道を考察せよ．

15・5 次のなかから反磁性の分子イオンを選べ．
(a) CF^+ (b) NF^+ (c) OF^+ (d) CF^{2+} (e) NF^{2+} (f) OF^{2+}

15・6 次のなかから反磁性の分子イオンを選べ．
(a) CF^- (b) NF^- (c) OF^- (d) CF^{2-} (e) NF^{2-} (f) OF^{2-}

15・7 次のなかから結合次数が最も大きい分子イオンを選べ．
(a) CF^+ (b) NF^+ (c) OF^+ (d) CF^{2+} (e) NF^{2+} (f) OF^{2+}

15・8 もしも，BN 分子が反磁性であると仮定すると，エネルギー準位と電子配置はどうなるか．

15・9 O_2 分子の等電子的な分子と，NO 分子の等電子的な分子を答えよ．

15・10 もしも，BC 分子が存在すると仮定すると，結合次数はどうなるか．

16
多原子分子の
sp 混成軌道と sp² 混成軌道

> 多原子分子では，原子の波動関数（第 2 周期の元素では 2s 軌道，2p 軌道）の直交変換によって，結合軸方向に電子の存在確率の広がった原子軌道ができる．これを混成軌道という．第 2 周期の元素の水素化物では，この混成軌道と水素原子の 1s 軌道の線形結合によって結合性軌道と反結合性軌道ができる．

16・1 直線分子と非直線分子

これまでは，分子のなかでも最も簡単な二原子分子を考えてきた．しかし，ほとんどの分子は 2 個よりも多い原子からできている．すべての原子が真っ直ぐに並んだ直線分子もあれば，一部の原子が直線から外れた非直線分子もある．直線分子の構造を考える場合には結合距離（核間距離）だけを考えればよいが，非直線分子の場合には結合角も考えなければならない．多原子分子の電子の存在確率を表す波動関数はどのようになっているのだろうか．

二原子分子では，波動方程式をたてることはそれほどむずかしくはないが，厳密な解を求めることは不可能である．2 個の原子核の運動のほかに複数の電子の運動を考慮する必要があり，方程式を解くことはできない（三体問題，§8・2 参照）．そこで，方程式を解くために近似を使う必要がある．どのような近似かというと，分子の波動関数を 2 個の原子の波動関数の線形結合で表すという LCAO 近似である（11 章参照）．波動関数は 2 乗したときに電子の存在確率を意味し，波動関数そのものの正負の符号には意味がないが，二つの波動関数の相対的な符号の関係には意味がある．同じ符号で線形結合をとるか，逆の符号で線形結合をとるかによって，結合性軌道と反結合性軌道ができる．基本的に，二原子分子の場合には，それぞれの原子の同じ名前の波動関数の線形結合を考えればよい．

しかし，多原子分子の場合には，二原子分子と比べると，かなり複雑である．その理由は，ほとんどの分子は非直線分子であり，結合角を考えなければならないからである．どういうことかというと，たとえば，分子のなかのそれぞれの原子の z 軸方向に広がる $2p_z$ 軌道を考えてみる．直線分子ならば，どの原子の $2p_z$ 軌道も分子軸（z 軸）方向に広がるので，うまく $2p_z$ 軌道の重なりを考えることができる〔図 16・1(a)〕．しかし，非直線分子では，$2p_z$ 軌道のままではうまく線形結合をとることはできない．たとえば，図 16・1(b) の場合には，真ん中の原子の $2p_z$ 軌道と右端の原子の $2p_z$ 軌道の波動関数がうまく重ならない．分子では，電子の存在確率は結合軸方向が最も大きいはずだから，それぞれの原子の軌道についても電子の存在確率が結合軸方向に広がる波動関数を考える必要がある．そのためには，原子のいろいろな軌道の波動関数の直交変換によって，結合軸方向に電子の存在確率が広がる混成軌道をつくればよい．異核二原子分子では 2s 軌道と 2p 軌道を組合せて sp 混成軌道を考えたが，多原子分子では結合軸方向に広がるさまざまな混成軌道を考える必要がある．波動方程式の解の直交変換によって得られる関数も波動方程式の解である（§5・5 参照）．

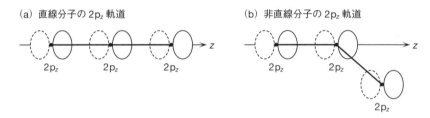

図 16・1　直線分子と非直線分子における $2p_z$ 軌道の重なり

16・2　二水素化ベリリウムの Be 原子の電子配置

H 原子の電子数は 1 個であり，H 原子は元素のなかで最も簡単な原子である．まずは，多原子分子として水素化物を考えることにする．たとえば，Be 原子に 2 個の H 原子が結合した二水素化ベリリウム BeH_2 を考える*．このような簡単な多原子分子でも，どうして Be 原子に 3 個以上の H 原子が結合しないのか，

---

　*　周期表の第 2 周期で，原子番号の最も小さい Li 原子の水素化物として考えられるのは，二原子分子の LiH 分子のみである（§14・1 参照）．

16·2 二水素化ベリリウムの Be 原子の電子配置

あるいは BeH_2 分子は直線分子なのか,非直線分子なのか,さまざまな疑問が思い浮かぶ.

§14·2 と §14·3 では二原子分子である BeH 分子のエネルギー準位と電子配置の説明をした.少し,復習してみよう.Be 原子には 4 個の電子が含まれる〔図 16·2(a)〕.パウリの排他原理に従えば,2 個の電子がスピン角運動量の向きを逆にして,最もエネルギーの低い 1s 軌道になる.これを内殻電子とよんだ.残りの 2 個の電子が価電子であり,やはり,スピン角運動量の向きを逆にして,1s 軌道の次に安定な 2s 軌道になる.2p 軌道には電子は存在しない.2p 軌道の電子のほうが 2s 軌道よりも原子核から遠く離れて存在する確率が大きく,ほかの電子が内側に入り込む遮蔽効果が大きく,2p 軌道にとって原子核の有効核電荷が小さくなり,電子と原子核との静電引力が弱くなるからである.したがって,2p 軌道のほうが 2s 軌道よりもわずかにエネルギーが高い(§8·3 参照).以上のような原子のエネルギー準位と電子配置の説明は Be 原子が孤立した状態の場合である.どういうことかというと,宇宙空間に 1 個の Be 原子のみが存在していて,まわりの環境の影響を受けることがなく,x 軸方向も y 軸方向も z 軸方向も等価で,まわりの環境が球対称の場合を想定している.

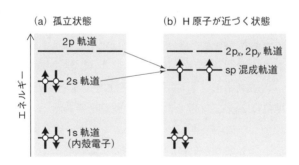

図 16·2 二水素化ベリリウムの Be 原子のエネルギー準位と電子配置

かりに,Be 原子に 1 個の H 原子が z 軸方向から近づくとしよう.そうすると,H 原子が近づく方向という特別な方向ができ,まわりの環境が球対称でなくなる.そして,Be 原子と H 原子は結合しようとする.原子と原子が結合して分子になれば,エネルギーが下がって安定化するからである(11 章参照).しかし,ここで問題がある.H 原子の 1 個の電子は不対電子なので共有電子対になれるが,Be 原子には不対電子がない〔図 16·2(a)〕.そこで,2 個の電子が

入っている 2s 軌道と，電子が入っていない $2p_z$ 軌道の直交変換によって二つの sp 混成軌道をつくることにする．二つの sp 混成軌道に 1 個ずつ電子が入って不対電子になれば，それぞれの不対電子が H 原子と結合できる．図 16・2(b) は図 14・5 の Be 原子のエネルギー準位図と同じものである．BeH 分子の場合には，一つの sp 混成軌道の不対電子のみが近づく H 原子と分子軌道をつくると考えた．残りの一つの sp 混成軌道（図 14・5 では 3σ 軌道）の不対電子は原子軌道のままであった．つまり，BeH 分子は不対電子をもつラジカルであり，反応性が高い．もしも，もう 1 個の H 原子が近づけば，残りの sp 混成軌道の不対電子は H 原子と結合して安定な BeH_2 分子ができる．

16・3　二水素化ベリリウムの sp 混成軌道と幾何学的構造

2s 軌道と $2p_z$ 軌道の直交変換によって二つの sp 混成軌道ができる．この章からは原子軌道の波動関数 χ の記号を省略して，軌道の名前だけで説明すると，直交変換は行列を使って次のように表される（139 ページ脚注参照）．

$$\begin{pmatrix} sp_{(1)} \\ sp_{(2)} \end{pmatrix} = \begin{pmatrix} \frac{1}{\sqrt{2}} & \frac{1}{\sqrt{2}} \\ \frac{1}{\sqrt{2}} & -\frac{1}{\sqrt{2}} \end{pmatrix} \begin{pmatrix} 2s \\ 2p \end{pmatrix} \qquad (16 \cdot 1)$$

図 14・2 の右側に示したように，$sp_{(1)}$ 混成軌道は電子の存在確率が右にかたよった原子軌道であり，一方，$sp_{(2)}$ 混成軌道は電子の存在確率が左にかたよった原子軌道である．これらの混成軌道は縮重しているので，図 16・2(b) で $sp_{(1)}$ 混成軌道と $sp_{(2)}$ 混成軌道のエネルギー準位を水平に並べてある．sp 混成軌道のエネルギー準位は 2s 軌道よりも高く，2p 軌道よりも低くなる．一方，混成軌道に参加しなかった $2p_x$ 軌道と $2p_y$ 軌道のエネルギー固有値の大きさと波動関数は分子になっても変わらない．どうして，$2p_x$ 軌道と $2p_y$ 軌道を混成軌道として考えないかというと，Be 原子の価電子（2s 軌道の電子）の合計が 2 個なので，2 個の不対電子に必要な混成軌道は二つであり，二つの原子軌道（2s 軌道と $2p_z$ 軌道）を考えれば十分だからである．また，どうして，1s 軌道を混成軌道として考えないかというと，1s 軌道のエネルギー固有値が 2s 軌道および 2p 軌道のエネルギー固有値から大きく離れているからである．混成軌道をつくる原子軌道の条件は，エネルギー固有値があまり大きく違わないことである（§14・5 脚注参照）．

$sp_{(2)}$ 混成軌道の不対電子の波動関数は $z<0$ の方向から近づく H 原子の電子

16・3 二水素化ベリリウムのsp混成軌道と幾何学的構造

の波動関数と重なって分子軌道ができる．どのようにして重なるかについては §14・2 で詳しく説明した．同位相で Be 原子の $sp_{(2)}$ 混成軌道と H 原子の 1s 軌道の波動関数が重なると結合性軌道ができ，逆位相で重なれば反結合性軌道ができる．ここでは分子軌道の話をしているので，同位相か逆位相かによってエネルギーが変わる（混成軌道の場合には直交変換なので，エネルギー固有値は変わらずに縮重している）．結合性軌道で Be 原子の $sp_{(2)}$ 混成軌道の不対電子と H 原子の 1s 軌道の電子が共有電子対となれば，エネルギーは安定化する．つまり，Be－H 結合ができる（図 16・3）*.

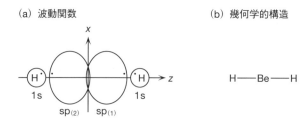

図 16・3 二水素化ベリリウムの Be 原子の二つの sp 混成軌道

もう 1 個の H 原子が $z > 0$ の方向から近づくと，$sp_{(1)}$ 混成軌道の不対電子の波動関数と H 原子の 1s 軌道の電子の波動関数が重なり，結合性軌道と反結合性軌道ができる．Be 原子の $sp_{(1)}$ 混成軌道の不対電子と H 原子の 1s 軌道の電子は結合性軌道で電子対となって，共有結合をつくる．結局，Be 原子では 2s 軌道と $2p_z$ 軌道の直交変換によってできる二つの sp 混成軌道に不対電子が入り，それぞれが H 原子と結合して二つの Be－H 結合をつくる．Be 原子の価電子は 2 個なので，3 個目の H 原子が近づいても，もはや Be 原子には結合をつくる不対電子がない．つまり，Be 原子には 3 個以上の H 原子は結合しない（BeH_3 分子や BeH_4 分子などは存在しない）．また，$sp_{(1)}$ 混成軌道と $sp_{(2)}$ 混成軌道の電子の存在確率は，z 軸の正の方向と負の方向に広がっている．したがって，Be 原子の sp 混成軌道と H 原子の 1s 軌道によってできる二つの Be－H 結合は逆向きであり，BeH_2 分子は直線分子である．つまり，2 個の Be－H の結合角は 180°である〔図 16・3(b)〕．

---

* 図 16・3 の sp 混成軌道には波動関数の値が負の小さな領域(破線)があるが，別の sp 混成軌道の正の領域(実線)と重なるので省略した（図 14・2 参照）．

16・4　三水素化ホウ素のB原子の電子配置

今度はB原子の水素化物について考えてみよう．最大で何個のH原子がB原子に結合するのだろうか．また，水素化物の分子の形はどのようになっているのだろうか．まずは，B原子の電子配置を復習してみよう．B原子には5個の電子があり，そのうち，2個の電子は最も安定な1s軌道になっている（内殻電子）．3個の価電子はパウリの排他原理に従って，2個の電子が2s軌道に，残りの1個の電子が2p軌道になる〔図16・4(a)〕．これが宇宙空間で1個だけ存在する孤立した状態のB原子の電子配置である．

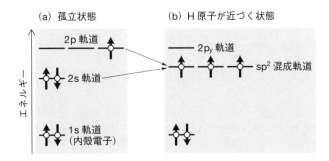

図 16・4　三水素化ホウ素のB原子のエネルギー準位と電子配置

もしも，B原子にH原子が近づくと，もはや，まわりの環境は球対称ではなくなる．不対電子をもつH原子が近づくという特別な方向ができる．1個のH原子がB原子に結合したBH分子の場合には，B原子に1個の不対電子があれば十分なので，sp混成軌道で説明した（§14・3参照）．しかし，B原子の2s軌道と2p軌道には合計で3個の価電子があり，それらが3個の不対電子になる可能性がある．できるだけ不対電子を増やして，できるだけ多くのH原子と結合したほうが，エネルギーが下がって安定になるからである（ただし，内殻電子を除く）．そこで，3個の価電子が不対電子になるために，一つの2s軌道と二つの2p軌道の直交変換によって三つの混成軌道をつくることにする．これをsp^2混成軌道とよぶ．もちろん，三つのsp^2混成軌道のエネルギー固有値は同じであり，縮重している．一方，混成軌道に参加しなかった残りの2p軌道のエネルギー固有値は変わらない〔図16・4(b)〕．3個の価電子は三つのsp^2混成軌道で不対電子となり，それぞれの不対電子はH原子の1s軌道との重な

りによってできる結合性軌道に入り，共有電子対となる．つまり，B 原子は 3 個の H 原子と結合して三水素化ホウ素 BH_3 となる．BH_3 分子のことをボランともいう．すでに説明したように，BH 分子の場合には sp 混成軌道を考えたが，BH_3 分子では sp^2 混成軌道を考える．同じ B 原子でも，どのような分子を構成するかによって，混成軌道の解釈を変える必要がある．

16・5 三水素化ホウ素の sp^2 混成軌道と幾何学的構造

たとえば，2s 軌道と $2p_z$ 軌道と $2p_x$ 軌道で sp^2 混成軌道をつくるとしよう．BeH_2 分子の sp 混成軌道の場合には 2s 軌道と $2p_z$ 軌道の二つの原子軌道の直交変換だったので，(16・1)式で示したように，変換行列の係数は $1/\sqrt{2}$ であった．2s 軌道と $2p_z$ 軌道のそれぞれの係数を 2 乗して足し算すれば，1（＝1/2＋1/2）になるので，sp 混成軌道も規格化条件を確かに満たしている．

三つの原子軌道の直交変換で縮重する三つの等価な混成軌道をつくるためには，どのような変換行列を用いればよいのだろうか．変換行列の要素は $1/\sqrt{3}$ でよいのだろうか．実は，もとの原子軌道 2s 軌道，$2p_z$ 軌道，$2p_x$ 軌道から新しい三つの混成軌道 $sp^2{}_{(1)}$, $sp^2{}_{(2)}$, $sp^2{}_{(3)}$ をつくる場合の直交変換は，次のようになる．

$$\begin{pmatrix} sp^2{}_{(1)} \\ sp^2{}_{(2)} \\ sp^2{}_{(3)} \end{pmatrix} = \begin{pmatrix} \frac{1}{\sqrt{3}} & \frac{\sqrt{2}}{\sqrt{3}} & 0 \\ \frac{1}{\sqrt{3}} & -\frac{1}{\sqrt{6}} & \frac{1}{\sqrt{2}} \\ \frac{1}{\sqrt{3}} & -\frac{1}{\sqrt{6}} & -\frac{1}{\sqrt{2}} \end{pmatrix} \begin{pmatrix} 2s \\ 2p_z \\ 2p_x \end{pmatrix} \quad (16 \cdot 2)$$

変換行列は直交行列である．直交行列の定義は転置行列と逆行列が同じ行列になる正方行列のことである．(16・2)式の行列の転置行列はすべての要素の行と列を入れ替えればよいから，

$$\begin{pmatrix} \frac{1}{\sqrt{3}} & \frac{\sqrt{2}}{\sqrt{3}} & 0 \\ \frac{1}{\sqrt{3}} & -\frac{1}{\sqrt{6}} & \frac{1}{\sqrt{2}} \\ \frac{1}{\sqrt{3}} & -\frac{1}{\sqrt{6}} & -\frac{1}{\sqrt{2}} \end{pmatrix}^t = \begin{pmatrix} \frac{1}{\sqrt{3}} & \frac{1}{\sqrt{3}} & \frac{1}{\sqrt{3}} \\ \frac{\sqrt{2}}{\sqrt{3}} & -\frac{1}{\sqrt{6}} & -\frac{1}{\sqrt{6}} \\ 0 & \frac{1}{\sqrt{2}} & -\frac{1}{\sqrt{2}} \end{pmatrix} \quad (16 \cdot 3)$$

となる．これが逆行列に等しいことを証明するためには，転置行列をもとの行列に掛け算して，単位行列になることを確認すればよい．

$$\begin{pmatrix} \frac{1}{\sqrt{3}} & \frac{\sqrt{2}}{\sqrt{3}} & 0 \\ \frac{1}{\sqrt{3}} & -\frac{1}{\sqrt{6}} & \frac{1}{\sqrt{2}} \\ \frac{1}{\sqrt{3}} & -\frac{1}{\sqrt{6}} & -\frac{1}{\sqrt{2}} \end{pmatrix} \begin{pmatrix} \frac{1}{\sqrt{3}} & \frac{1}{\sqrt{3}} & \frac{1}{\sqrt{3}} \\ \frac{\sqrt{2}}{\sqrt{3}} & -\frac{1}{\sqrt{6}} & -\frac{1}{\sqrt{6}} \\ 0 & \frac{1}{\sqrt{2}} & -\frac{1}{\sqrt{2}} \end{pmatrix} = \begin{pmatrix} 1 & 0 & 0 \\ 0 & 1 & 0 \\ 0 & 0 & 1 \end{pmatrix} \quad (16 \cdot 4)$$

したがって, (16・2)式の変換行列は直交行列である. 直交行列はそれぞれの行で要素の2乗を合計すると1になり, ある行とある行の要素を掛け算して合計すると0になるという性質がある (章末問題16・8). たとえば, 1行目の要素の2乗の合計は1となることを次のように確認できる.

$$\left(\frac{1}{\sqrt{3}}\right)^2 + \left(\frac{\sqrt{2}}{\sqrt{3}}\right)^2 = \frac{1}{3} + \frac{2}{3} = 1 \quad (16 \cdot 5)$$

また, 1行目と2行目の要素を掛け算して合計すると次のように0となる.

$$\left(\frac{1}{\sqrt{3}}\right) \times \left(\frac{1}{\sqrt{3}}\right) + \left(\frac{\sqrt{2}}{\sqrt{3}}\right) \times \left(-\frac{1}{\sqrt{6}}\right) + 0 \times \left(\frac{1}{\sqrt{2}}\right) = \frac{1}{3} - \frac{1}{3} + 0 = 0 \quad (16 \cdot 6)$$

このような性質を規格直交性という.

図16・5にsp^2混成軌道の様子を示す. 縦軸に座標x, 横軸に座標zがとってある. 波動関数の値が正の領域を実線で, 負の領域を破線で示してある (係数の符号も考慮してある). 2s軌道は球対称な関数であり (断面図では円), $2p_z$軌道はz軸方向に広がる関数である. そうすると, (16・2)式の直交行列からわかるように$sp^2_{(1)}$混成軌道は2s軌道と$2p_z$軌道のみの組合せでできるから, z軸方向に広がる波動関数となる〔図16・5(a)〕. また, $2p_x$軌道はz軸に垂直な方向に広がる関数である. そうすると, 2s軌道, $2p_z$軌道, $2p_x$軌道からできる$sp^2_{(2)}$混成軌道は, (16・2)式の変換行列の要素の符号からわかるように, $z<0$, $x>0$の領域に広がる波動関数となる〔図16・5(b)〕. また, (16・2)式の変換行列の2行目と3行目の要素を比較するとわかるように, $sp^2_{(3)}$混成軌道は$sp^2_{(2)}$軌道と比べて$2p_x$軌道の符号が逆になるので, $z<0$, $x<0$の領域に広がる波動関数となる〔図16・5(c)〕. 三つのsp^2混成軌道は等価だから, それらの波動関数の広がる方向のなす角度はすべて120°(=360°/3) である〔図16・6(a)〕. 結局, B原子の三つのsp^2混成軌道の不対電子はそれぞれH原子とB–H結合をつくりBH_3分子となる. そして, 3個のH原子は一つの平面内で正三角形をつくる〔図16・6(b)〕*

---

* BH_3分子は混成軌道に参加しなかった2p軌道が空であり, ほかの分子との反応性が高く, 不安定である. 実際には2個のBH_3分子が結合して二量体B_2H_6分子として存在する. この分子をジボランという. 詳しくは章末問題17・10の解答で説明する.

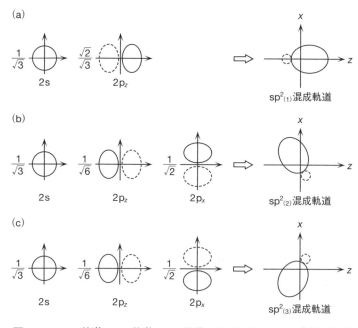

図 16・5　2s 軌道，$2p_z$ 軌道，$2p_x$ 軌道からできる三つの sp^2 混成軌道
（係数の符号の違いは実線と破線の位置の違いで表現）

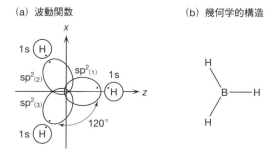

図 16・6　三水素化ホウ素の B 原子の sp^2 混成軌道

章末問題

16・1　Be 原子の 4 個の電子が不対電子になれば，4 個の H 原子と結合できる可能性がある．BeH_4 分子は安定に存在するか．

16・2　2s 軌道の波動関数の符号を負（破線）にとり，$2p_z$ 軌道の波動関数の符

号を正にとると，$sp_{(1)}$ 混成軌道の $z<0$ の方向の波動関数の値は正か負か．

16・3 問題 16・2 で，$z<0$ の方向から H 原子が近づいて Be 原子の $sp_{(1)}$ 混成軌道と分子軌道をつくるとする．H 原子の 1s 軌道の波動関数の符号を正にとると，結合性軌道になるのは同位相か，逆位相か．

16・4 BeH 分子の図 14・5 を参考にして，BeH_2 分子のエネルギー準位と電子配置を描け．ただし，分子軌道の名前は書かなくてよい．

16・5 Be 原子の 2 個の価電子が 2p 軌道で不対電子になっているとすると，BeH_2 分子の幾何学的構造はどのようになるか．

16・6 表 5・1 の波動関数を使って，H 原子の $sp^2_{(1)}$ 混成軌道の波動関数を求めよ．

16・7 問題 16・6 の $sp^2_{(1)}$ 混成軌道について，節を表す r と z の関係式を求めよ．

16・8 (16・2)式の直交行列で，2 行目と 3 行目の直交性を確認せよ．

16・9 $\begin{pmatrix} \frac{1}{\sqrt{2}} & \frac{1}{\sqrt{2}} & 0 \\ \frac{1}{\sqrt{2}} & -\frac{1}{\sqrt{2}} & 0 \\ 0 & 0 & 1 \end{pmatrix}$ が直交行列であることを確認せよ．

16・10 (16・2)式の変換行列の代わりに，問題 16・9 の変換行列を用いても sp^2 混成軌道はできない．その理由を説明せよ．

17
多原子分子の sp³ 混成軌道

> 一つの 2s 軌道と三つの 2p 軌道の直交変換によって，四つの sp³ 混成軌道ができる．sp³ 混成軌道の波動関数は互いに正四面体角（109.5°）をなす方向に広がる．アンモニアの窒素原子や水の酸素原子の一部の sp³ 混成軌道にはすでに電子対があるので，水素原子の 1s 軌道との間で共有結合はできない．

17・1 メタンの炭素原子の電子配置

前章では Be 原子および B 原子の水素化物の分子軌道について説明した．この章では C 原子，N 原子，O 原子の水素化物について説明する．C 原子の水素化物はよく知られているメタンである．これまでと同様に，まずは C 原子の電子配置を調べてみよう．C 原子には 6 個の電子があり，そのうち 2 個は最も安定な 1s 軌道で内殻電子となる．残りの 4 個の価電子はパウリの排他原理とフントの規則に従って，2 個の電子が 2s 軌道に，そして，残りの 2 個の電子が 1 個ずつスピン角運動量の向きをそろえて，二つの 2p 軌道に別々に入る〔図 17・1 (a)〕．これが宇宙空間に 1 個だけ C 原子が孤立して存在するときの電子配置である（図 10・3 参照）．

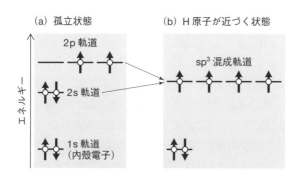

図 17・1　メタンの C 原子のエネルギー準位と電子配置（sp³ 混成軌道）

図 17・1(a) の孤立状態の波動関数のままで，C 原子が H 原子と結合すると，どうなるだろうか．二つの 2p 軌道のそれぞれに不対電子があるから，これらが H 原子と結合することになる．つまり，2 個の H 原子と結合するから分子式は CH_2 になってしまう．しかも，二つの 2p 軌道は直角方向に広がっているから，二つの C-H 結合のなす角度も直角になってしまい，二つの結合が反対を向く BeH_2（16 章参照）に比べて，エネルギーは相当に高く，不安定そうである．実際のメタンは 4 個の H 原子と結合しているから，分子式は CH_4 である．どのように考えたらよいだろうか．

17・2 メタンの sp^3 混成軌道と分子軌道

もしも，C 原子に H 原子が近づくと，H 原子と結合することによってエネルギーが安定化するので，C 原子はできるだけ多くの不対電子を用意しようとする．どのようにして不対電子を用意するかというと，2s 軌道と 2p 軌道に合計 4 個の価電子があるから，一つの 2s 軌道と三つの 2p 軌道の直交変換によって，合計で四つの混成軌道を用意する．このようにしてできる混成軌道を sp^3 混成軌道という．原子軌道から混成軌道への直交変換は次のようになる．

$$\begin{pmatrix} sp^3_{(1)} \\ sp^3_{(2)} \\ sp^3_{(3)} \\ sp^3_{(4)} \end{pmatrix} = \begin{pmatrix} \frac{1}{2} & \frac{1}{2} & \frac{1}{2} & \frac{1}{2} \\ \frac{1}{2} & \frac{1}{2} & -\frac{1}{2} & -\frac{1}{2} \\ \frac{1}{2} & -\frac{1}{2} & -\frac{1}{2} & \frac{1}{2} \\ \frac{1}{2} & -\frac{1}{2} & \frac{1}{2} & -\frac{1}{2} \end{pmatrix} \begin{pmatrix} 2s \\ 2p_z \\ 2p_x \\ 2p_y \end{pmatrix} \quad (17 \cdot 1)$$

この変換行列が規格直交性であることは簡単な計算でわかる（章末問題 17・2）．

四つの sp^3 混成軌道（$sp^3_{(1)}$, $sp^3_{(2)}$, $sp^3_{(3)}$, $sp^3_{(4)}$）の波動関数の広がる方向を調べてみよう．§16・3 の sp 混成軌道は球対称の 2s 軌道と軸対称の $2p_z$ 軌道の直交変換だから，二つの sp 混成軌道は z 軸方向上で反対方向に広がる．一方，sp^2 混成軌道は球対称の 2s 軌道と軸対称の $2p_z$ 軌道と $2p_x$ 軌道の直交変換だから，三つの sp^2 混成軌道は xz 平面内で互いに $120°$ の角度をなして広がる（§16・5 参照）．sp^3 混成軌道は球対称の 2s 軌道と軸対称の $2p_z$ 軌道と $2p_x$ 軌道と $2p_y$ 軌道の直交変換だから，四つの sp^3 混成軌道は 3 次元空間 (x, y, z) で立体的に広がる．これまでと同様に波動関数の値が正である領域を実線で，負である領域を破線で表すと，図 17・2 のようになる（係数 1/2 は省略）．

17・2 メタンの sp³ 混成軌道と分子軌道

たとえば，$sp^3_{(1)}$ 軌道は，$2p_x$ 軌道も $2p_y$ 軌道も $2p_z$ 軌道も変換行列の係数は正の 1/2 だから，すべての座標軸で正の方向に広がる波動関数となる．つまり，$x>0$, $y>0$, $z>0$ の領域で広がる．一方，$sp^3_{(2)}$ 軌道では $2p_z$ 軌道の変換行列の係数は正の 1/2，$2p_x$ 軌道と $2p_y$ 軌道の係数は負の $-1/2$ だから，波動関数は $x<0$, $y<0$, $z>0$ の領域で広がる．もう少し，わかりやすくするためには立

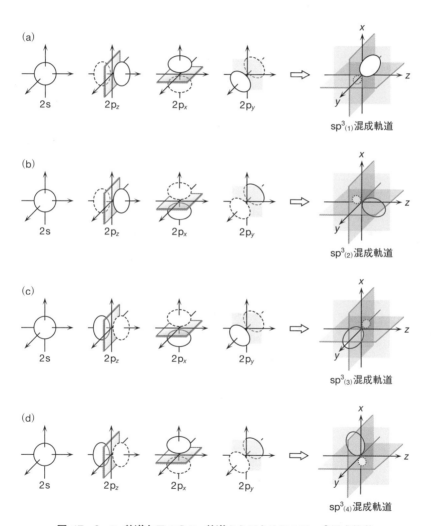

図 17・2 **2s 軌道と三つの 2p 軌道からできる四つの sp³ 混成軌道**
(係数の符号の違いは実線と破線の位置の違いで表現)

方体を考え，その中心に原点をおき，辺に平行に x 軸，y 軸，z 軸を考えるとよい〔図17・3(a)〕．変換行列の係数の正負の符号を考えれば，結局，四つの sp^3 混成軌道の波動関数は立方体の四つの隣り合わない頂点の方向に広がる．なお，図17・2では，それぞれの sp^3 混成軌道に波動関数の値が負の小さな領域（破線）があるが，図17・3(a)では正の領域（実線）に隠れてみえない．

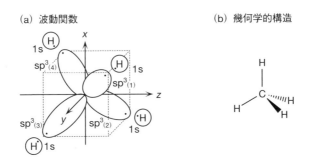

図 17・3　メタンの C 原子の sp^3 混成軌道

　四つの sp^3 混成軌道にはそれぞれ不対電子が1個ずつ入る．そして，それぞれの sp^3 混成軌道の波動関数が H 原子の 1s 軌道の波動関数と重なって，結合性軌道と反結合性軌道ができる．C 原子の四つの sp^3 混成軌道のそれぞれの不対電子と，H 原子の 1s 軌道の電子が安定な結合性軌道で共有電子対となる．結局，メタンには四つの C−H 結合ができる．図17・3(b)の幾何学的構造は左側の混成軌道の図を少し回転させてみやすくしてある．

　CH_4 分子の二つの C−H 結合のなす結合角を調べてみよう．図17・3からわかるように，四つの sp^3 混成軌道は等価であり，どの二つの C−H 結合のなす結合角も同じである．この結合角 H−C−H は簡単に計算できて約 109.5° であり（章末問題17・3），これを正四面体角という．4個の H 原子は等価であり，正三角錐の頂点にある．

17・3　アンモニアの sp^3 混成軌道と分子軌道

　N 原子の水素化物を考えてみよう．これはよく知られているようにアンモニアである．宇宙空間で孤立した状態の N 原子の電子配置を図17・4(a)に示す．C 原子と異なることは，原子に含まれる価電子が1個増えたことである．図17・4(a)に示したように，3個の電子がスピン角運動量の向きをそろえて，

17・3 アンモニアの sp³ 混成軌道と分子軌道

三つの 2p 軌道に 1 個ずつ電子が入る．もしも，混成軌道をつくらずに，三つの 2p 軌道のそれぞれの不対電子が，そのまま近づく H 原子の 1s 軌道の電子と分子軌道をつくるならば，三つの N−H 結合はそれぞれ x 軸方向，y 軸方向，z 軸方向を向き，結合角は 90°になってしまう．これでは H 原子間の距離は近く，反発が大きくなってエネルギー的に不安定である．できるならば，H 原子は互いに離れて，反発を小さくしたい．そのためには，2p 軌道のままでは無理なので，これまでの説明と同様に混成軌道をつくることにする．

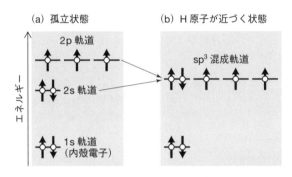

図 17・4　アンモニアの N 原子のエネルギー準位と電子配置

N 原子には 2s 軌道と 2p 軌道に合計 5 個の価電子がある．できるならば 5 個の不対電子をつくって，5 個の H 原子と結合して安定になりたい．結合が多ければ多いほどエネルギー的に安定だからである．しかし，一つの 2s 軌道と三つの 2p 軌道をあわせても四つの軌道しかない．変換行列は正方行列なので，直交変換される前と後の軌道の数は変わらない．もちろん，1s 軌道あるいは 3s 軌道も参加できれば五つの混成軌道をつくることは可能である．しかし，2s 軌道や 2p 軌道からはエネルギーが離れ過ぎている．あまりエネルギーに差がある原子軌道では混成軌道をつくれない．そこで，C 原子の場合と同様に，一つの 2s 軌道と三つの 2p 軌道から四つの sp³ 混成軌道をつくることにする．直交変換のための変換行列は (17・1) 式と同じでよい．

CH_4 分子のなかの C 原子と異なる点は，四つの混成軌道に 5 個の電子を入れなければならないことである．そうすると，図 17・4(b) に示したように，四つの sp³ 混成軌道のうち，一つの混成軌道は不対電子ではなく，スピン角運動量の向きを逆にした電子対になる．つまり，非共有電子対なので，H 原子が近づ

いても N−H 結合をつくらない．結局，N 原子の 3 個の不対電子がそれぞれ H 原子と結合して，三つの N−H 結合ができるので，分子式は NH_3 である．図 17・5(b) の幾何学的構造は図 17・3 の CH_4 分子と同様に，少し回転させてみやすくしてある．

すでに述べたように，3 個の不対電子が三つの 2p 軌道に入っている場合には N−H 結合の角度は 90° になるために反発が大きい．一方，三つの sp^3 混成軌道に不対電子が入ると，結合角 H−N−H は正四面体角 (109.5°) になり，それぞれの H 原子の距離が離れるので反発は小さくなる．それでは，BH_3 分子と同じように，できるだけ反発が小さくなるように，3 個の H 原子は一つの平面内で正三角形になって，結合角が 120° に開いたほうがよいと思うかもしれないが，そうではない．残りの一つの sp^3 混成軌道には非共有電子対がある．N−H 結合の共有電子対は別の共有電子対との反発よりも，むしろ，非共有電子対との大きな反発を避けなければならない．その結果，NH_3 分子の結合角は正四面体角 (109.5°) よりも少し小さく，約 106.7° になる．

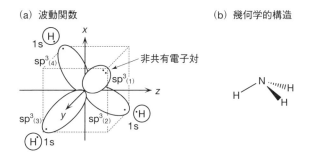

図 17・5　アンモニアの N 原子の sp^3 混成軌道

17・4　水の sp^3 混成軌道と分子軌道

O 原子の水素化物，つまり，水 H_2O の場合も，CH_4 分子や NH_3 分子の場合と考え方は同じでよい．宇宙空間に孤立した状態の O 原子の電子配置を図 17・6(a) に示す．もしも，H 原子が O 原子に近づいて結合する場合に，O 原子の 2 個の不対電子が 2p 軌道の波動関数のままでそれぞれ O−H 結合をつくるならば，O−H 結合は直角になり，H 原子間の反発が大きく，エネルギー的に不安定である．そこで，図 17・6(b) に示したように，一つの 2s 軌道と三つの 2p 軌

道で四つのsp³混成軌道をつくることにする．ただし，四つのsp³混成軌道に，もともと2s軌道と三つの2p軌道にあった合計6個の価電子を入れなければならない．そうすると，二つのsp³混成軌道には非共有電子対ができ，残りの二つのsp³混成軌道には不対電子ができる．不対電子のあるsp³混成軌道の波動関数はH原子の1s軌道の波動関数と重なって，結合性軌道と反結合性軌道ができる．O原子の不対電子とH原子の電子が結合性軌道で共有電子対となればO－H結合ができる（図17・7）．

　四つのsp³混成軌道は等価だから，二つのO－H結合のなす角度は基本的には正四面体角（109.5°）である．しかし，二つのO－H結合の共有電子対間の反発よりも，非共有電子対とO－H結合の共有電子対との反発および非共有電子対間の反発が大きいので，結合角は正四面体角よりも小さくなる．二つのO－H結合の共有電子対間の反発が少しぐらい大きくなっても，非共有電子対との大きな反発を避けようとするという意味である．実験によって決められた

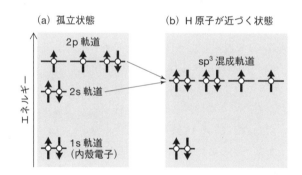

図17・6　水のO原子のエネルギー準位と電子配置

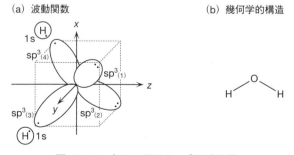

図17・7　水のO原子のsp³混成軌道

結合角 H−O−H は約 104.5° である．このように，"分子の形は中心の原子の軌道にある電子対の反発をできるだけ小さくするように決まる"という考え方を原子価殻電子反発（valence shell electron-pair repulsion：VSEPR）則，あるいはギレスピー則という．反発の大きさの順番は，

　　非共有電子対どうし ＞ 共有電子対と非共有電子対 ＞ 共有電子対どうし

と考える．なお，電気陰性度の大きな原子が結合すると，共有電子対が中心の原子から少し離れる確率が増え，その共有電子対が関係する反発は小さくなる（章末問題 17・8）．

17・5 アンモニアボランの配位結合

これまでは非共有電子対は結合をつくらないと説明してきた．しかし，電子のない軌道（これを空軌道という）をもつ原子に近づくと，結合をつくることがある．ある原子から一方的に非共有電子対を結合性軌道に供給するので，共有結合ではなく配位結合という．

例として，§17・3 で説明した NH_3 分子を考えてみよう．すでに説明したように，NH_3 分子の中心の N 原子では，一つの sp^3 混成軌道の 2 個の電子は非共有電子対になっていて不対電子はない．つまり，不対電子をもつ H 原子が近づいても N−H 結合をつくらない．ところが，H 原子の代わりにプロトン H^+ が近づくと事情が変わる．H^+ の 1s 軌道には電子がない．つまり，1s 軌道は空軌道である．電子がないからといって，軌道がないわけではない．NH_3 分子の N 原子の sp^3 混成軌道の波動関数と H^+ の 1s 軌道の波動関数が重なって，結合性軌道と反結合性軌道ができる．結合性軌道に N 原子の 1 個の電子と H 原子の 1 個の電子が入れば共有結合になるが，H^+ の場合には N 原子の非共有電子対が結合性軌道に入って結合ができる．つまり，N 原子は H 原子との間に三つの共有結合 N−H と一つの配位結合 $N-H^+$ をつくり，分子式は NH_4^+ となる．これをアンモニウムイオンという．ただし，気をつけなければならないのは，NH_4^+ の四つの N−H 結合はすべて等価であり，どの結合が共有結合で，どの結合が配位結合であるかを区別できないことである．当然，結合角はすべて厳密に正四面体角（109.5°）となる．

同様に考えれば，NH_3 分子は BH_3 分子と配位結合することがわかる．すでに §16・5 で説明したように，BH_3 分子は三つの sp^2 混成軌道をつくり，3 個の不

対電子があるので3個のH原子と共有結合した．その結果，3個のH原子は平面内で正三角形の頂点に位置した．sp^2混成軌道に参加しなかった残りの2p軌道はどうなっていたかというと，電子がないので空軌道である．NH_3分子の非共有電子対が入っているsp^3混成軌道の波動関数は，BH_3分子のこの空軌道の波動関数と重なって結合性と反結合性の分子軌道ができる．NH_3分子の非共有電子対が一方的に結合性軌道に入れば，N原子とB原子の間で配位結合ができる〔図17・8(a)〕．つまり，NH_3分子のN原子は三つのN-H結合と一つのN-B結合をつくることになる．N原子とB原子の結合距離は167.2 pmであり，一般的な共有結合に比べて長い（表15・1参照）．

N原子に関する結合角（B-N-HとH-N-H）は正四面体角に近い値（110.3°と108.7°）である〔図17・8(b)〕．一方，B原子の結合角には注意が必要である．sp^2混成軌道のままだと，三つのB-H結合の結合角は120°であり，H原子間の反発が最も小さい．しかし，N原子と配位結合すると，N-B結合の電子対との間の反発ができる．B原子のまわりには三つのB-H結合と一つのN-B結合の合計で四つの電子対があるから，それらの反発をできるだけ小さくしなければならない．どうするかというと，B原子はN原子と同様にsp^3混成軌道をつくる〔図17・8(b)〕．こうすれば，電子対間の反発が最も小さくなる．B原子に関する結合角（N-B-HとH-B-H）は，sp^2混成軌道の120°よりも正四面体角に近い値（104.7°と113.8°）である．原子軌道は原子に固有のものではなく，どのような原子とどのように結合するかによって，さまざまな混成軌道になる．

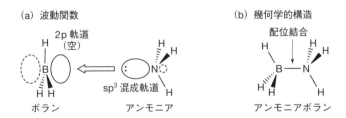

図 17・8 アンモニアボランの配位結合

章末問題

17・1 (17・1)式の変換行列の転置行列を求め，掛け算すると単位行列になることを確認せよ．

17・2 (17・1)式の変換行列の要素と要素を掛け算して，規格直交性を確認せよ．

17・3 立方体の辺の長さと角度の関係を使って，正四面体角を求めよ．

17・4 CH_4 分子の C−H の結合距離を 100 pm とする．H 原子間の距離は何 pm か．

17・5 NH_3 分子が平面分子であると仮定する．混成軌道はどのようになるか．そのときの波動関数の様子を模式的に描け．

17・6 NH_3 分子が平面分子であると仮定する．エネルギーは正四面体形と比べてどうして高くなるか．

17・7 図 17・3 を参考にして，NH_4^+ の分子軌道を模式的に描け．

17・8 原子価殻電子反発則が成り立つと仮定する．OF_2 分子の結合角は H_2O 分子よりも大きいか，小さいか．電気陰性度の違いから考えよ．

17・9 水に H^+ が配位結合したイオンをオキソニウムイオン H_3O^+ という．H_3O^+ の混成軌道と分子の形を考察せよ．

17・10 BH_3 分子の二量体（ジボラン B_2H_6）は，BH_3 分子の空軌道の波動関数が別の BH_3 分子の H 原子の 1s 軌道の波動関数と重なって，新たな分子軌道ができる．その結果，B_2H_6 分子の B 原子の軌道は sp^3 混成軌道となる．B_2H_6 分子の幾何学的構造を描け．

18
遷移金属錯体の配位結合

> 遷移元素は金属の性質をもち，遷移金属元素ともいわれる．遷移金属原子は非共有電子対をもつ配位子が配位結合して，遷移金属錯体をつくることがある．配位子の数の違いや錯体の幾何学的構造の違いは，遷移金属原子がどのような空の混成軌道をつくるかによって解釈できる．その結果，常磁性になったり，反磁性になったりする．

18・1 五つの縮重した 3d 軌道

　遷移元素は金属の性質をもつので，遷移金属元素ともいわれる．第 4 周期の遷移金属元素は Sc から Zn までの 10 種類の元素である（§10・4 参照）．原子番号が一つずつ大きくなるにつれて，3d 軌道の電子の数が 1 個ずつ増える．遷移金属元素の原子軌道や分子軌道を調べるためには，これまでに詳しく説明してこなかった 3d 軌道を理解する必要がある．H 原子の 3d 軌道がどのような関数になっているかについては，表 5・1 の $n=3$, $l=2$, $m=0, \pm 1, \pm 2$ の欄に具体的に示してあり，五つの軌道が縮重している．1s 軌道（図 5・2）や 2p 軌道（図 5・6）と同様に関数の形（波動関数が同じ値を示す位置をつなげた図形）を描くと図 18・1 のようになる．ただし，1s 軌道と 2p 軌道では紙面への断面図を描いたが，3d 軌道では関数が複雑なので，3 次元空間で立体的に描いた．

　3d 軌道の名前については，2p 軌道と同様に，直交座標系で表したときに，x, y, z とどのような関係になっているかを下付きの添え字で示す．たとえば，$n=3$, $l=2$, $m_l=0$ の波動関数 $\psi_{3,2,0}$ は次の式で表される．

$$\psi_{3,2,0} = \frac{1}{81}\left(\frac{1}{6\pi}\right)^{\frac{1}{2}}\left(\frac{1}{a_0}\right)^{\frac{3}{2}}\left(\frac{r^2}{a_0^2}\right)\exp\left(-\frac{r}{3a_0}\right)(3\cos^2\theta-1) \quad (18 \cdot 1)$$

これは実関数である．極座標系の角度に関する部分は $r^2\cos^2\theta$ であり，これを直交座標系に直すと z^2 となる（図 4・1 参照）．そこで，この波動関数を d_{z^2} とよぶ．d_{z^2} 軌道は (18・1) 式および図 18・1 からわかるように，電子の存在確率が z 軸方向に広がった軸対称の軌道である（章末問題 18・1）．

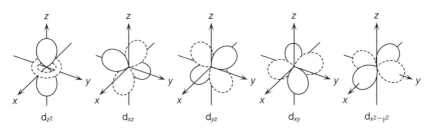

図 18・1　水素原子の五つの3d軌道の波動関数の同じ値をとる図形

その他の四つの波動関数 ($n=3$, $l=2$, $m_l = \pm 1, \pm 2$) は複素関数なので, 直交変換によって実関数にする必要がある. ちょうど, $\psi_{2,1,1}$ と $\psi_{2,1,-1}$ の波動関数の直交変換によって, 実関数の $2\mathrm{p}_x$ 軌道と $2\mathrm{p}_y$ 軌道を考えた方法と同じである. 表5・1に示したように, $n=3$, $l=2$, $m_l = \pm 1$ の波動関数 $\psi_{3,2,\pm 1}$ は,

$$\psi_{3,2,\pm 1} = \frac{1}{81}\left(\frac{1}{\pi}\right)^{\frac{1}{2}}\left(\frac{1}{a_0}\right)^{\frac{3}{2}}\left(\frac{r^2}{a_0^2}\right)\exp\left(-\frac{r}{3a_0}\right)\sin\theta\cos\theta\exp(\pm i\phi) \tag{18・2}$$

だから, 虚数を含む角度 ϕ に関する $\exp(\pm i\phi)$ をオイラーの公式で展開したあとで直交変換し, 規格化定数を決め直すと次のようになる (§5・5参照).

$$\frac{1}{\sqrt{2}}(\psi_{3,2,1}+\psi_{3,2,-1}) = \frac{1}{81}\left(\frac{1}{\pi}\right)^{\frac{1}{2}}\left(\frac{1}{a_0}\right)^{\frac{3}{2}}\left(\frac{r^2}{a_0^2}\right)\exp\left(-\frac{r}{3a_0}\right)\sin\theta\cos\theta\cos\phi \tag{18・3}$$

$$\frac{1}{\sqrt{2}}(\psi_{3,2,1}-\psi_{3,2,-1}) = \frac{1}{81}\left(\frac{1}{\pi}\right)^{\frac{1}{2}}\left(\frac{1}{a_0}\right)^{\frac{3}{2}}\left(\frac{r^2}{a_0^2}\right)\exp\left(-\frac{r}{3a_0}\right)\sin\theta\cos\theta\sin\phi \tag{18・4}$$

(18・3)式の極座標系の角度に関する部分は $r^2\sin\theta\cos\theta\cos\phi$ であり, これを直交座標系に直すと $r\sin\theta\cos\phi=x$, $r\cos\theta=z$ (図4・1参照) だから, (18・3)式の関数は xz に比例する. したがって, この波動関数を d_{xz} 軌道とよぶ. $x>0$, $z>0$ および $x<0$, $z<0$ の領域では波動関数の値は正 (実線), $x>0$, $z<0$ および $x<0$, $z>0$ の領域では負 (破線) となる. ただし, 波動関数の符号には意味がないので, 実線と破線を交換してもかまわない. 一方, $r\sin\theta\sin\phi=y$, $r\cos\theta=z$ であり, (18・4)式は yz に比例するので d_{yz} 軌道とよぶ. 同様にして, 二つの波動関数 $\psi_{3,2,\pm 2}$ からは d_{xy} と $\mathrm{d}_{x^2-y^2}$ ができる (章末問題18・2).

18・2 遷移金属原子の混成軌道

§17・5でアンモニアボランを例として説明したように，非共有電子対をもつ分子やイオン（たとえば，NH_3分子）は，空軌道のある分子（たとえば，BH_3分子）との間で配位結合する．もしも，遷移金属原子が空の混成軌道を用意すれば，アンモニアボランと同じように，その混成軌道の波動関数と非共有電子対の波動関数の線形結合によって，結合性軌道と反結合性軌道ができる．そして，非共有電子対が結合性軌道に入れば配位結合となる．非共有電子対をもち，遷移金属原子に配位結合する分子やイオンのことを配位子という．また，遷移金属原子に配位子が結合した化合物を遷移金属錯体という．NH_3分子のN原子には非共有電子対があり，遷移金属原子との間で配位結合する．NH_3分子が配位結合した錯体のことをアンミン錯体という*．

たとえば，ニッケルの2価の陽イオンNi^{2+}が配位子と結合して錯体をつくる場合に，どのような空の混成軌道を用意するかを調べてみよう．実は，どのような配位子が近づくかによって，用意する混成軌道の種類が変わる．まず，配位子として，塩化物イオンCl^-が近づく場合を考えてみよう．宇宙空間で孤立した状態のNi原子の電子配置を図18・2(a)に示す（1s, 2s, 2p, 3s, 3p軌道は省略）．すでに説明したように，遮蔽効果のために3d軌道のエネルギー準位のほうが4s軌道よりも高い．もしも，Ni原子が2価の陽イオンNi^{2+}になる場合，ふつうはエネルギーの高い3d軌道から2個の電子が放出される．しかし，遷移金属原子の3d軌道が4s軌道よりも不安定なのは電荷のない中性のNi原子の場合である．Ni^{2+}の状態になると，電子間相互作用や遮蔽効果などが変わり，3d軌道のエネルギー準位のほうが4s軌道よりも低くなる．そして，4s軌道の

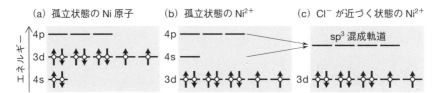

図 18・2　Niと$[NiCl_4]^{2-}$のNi^{2+}のエネルギー準位と電子配置（sp^3混成軌道）

---

* H_2O分子が配位結合した錯体をアクア錯体，CO分子が配位結合した錯体をカルボニル錯体という．

2個の電子が放出されて，Ni^{2+} の電子配置は図 18・2(b)のようになる．

配位子の Cl^- が近づくと，Ni^{2+} はできるだけ多くの Cl^- と配位結合するために，できるだけ多くの空軌道を用意したい．Ni^{2+} の空軌道は一つの 4s 軌道と三つの 4p 軌道である．そうすると，17 章の CH_4 分子や NH_3 分子や H_2O 分子で説明したように，四つの sp^3 混成軌道を用意する．つまり，四つの sp^3 混成軌道のそれぞれの波動関数が Cl^- の波動関数と線形結合して，結合性軌道と反結合性軌道ができ，Cl^- の非共有電子対が結合性軌道に入れば Ni−Cl の配位結合ができる〔図 18・3(a)〕．Ni^{2+} は 4 個の Cl^- と配位結合するので錯体の分子式は $[NiCl_4]^{2-}$ となる．また，この錯体の幾何学的構造は CH_4 分子と同じであり，4 個の Cl^- は正四面体の頂点に位置し，結合角 Cl−Ni−Cl はすべて正四面体角（109.5°）である〔図 18・3(b)〕．

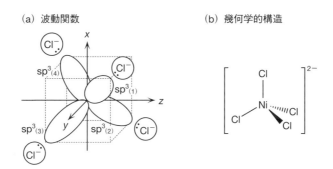

図 18・3　$[NiCl_4]^{2-}$ の配位結合のための sp^3 混成軌道

18・3　配位子の種類で変わる錯体の幾何学的構造

Cl^- の代わりにシアン化物イオン CN^- が Ni^{2+} に近づくとする．同じように四つの空の sp^3 混成軌道を用意して，その錯体の分子式は $[Ni(CN)_4]^{2-}$ となり，配位子の CN^- は正四面体形になるのだろうか．実は，錯体の幾何学的構造は正方形になる．混成軌道をどのように解釈したらよいだろうか．

孤立した Ni^{2+} の電子状態は図 18・2(b)で示されたとおりである．これまでに何度も説明したが，この電子配置は宇宙空間で孤立した Ni^{2+} の電子配置である．もしも，ほかの原子などが近づくと，それぞれの軌道のエネルギー固有値も電子配置も変化する．CN^- が近づく場合には，フントの規則には反するが，3d 軌道の 8 個の価電子はスピン角運動量の向きを逆にして 4 組の電子対と

なる〔図 18・4(a)〕. そうすると, 一つの 3d 軌道は空軌道になり, 混成軌道に参加して CN^- の非共有電子対を受け入れて配位結合ができる〔図 18・4(b)〕.

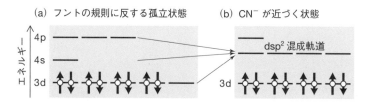

図 18・4 $[Ni(CN)_4]^{2-}$ のフントの規則に反する Ni^{2+} のエネルギー順位と電子配置(dsp^2 混成軌道)

一つの 3d 軌道, 一つの 4s 軌道, 二つの 4p 軌道から, (17・1)式の直交変換によって四つの混成軌道をつくることにする. この混成軌道を dsp^2 混成軌道という. 同じ四つの混成軌道でも $[NiCl_4]^{2-}$ の sp^3 混成軌道とは大きく異なる. たとえば, $3d_{xz}$ 軌道と 4s 軌道と $4p_z$ 軌道と $4p_x$ 軌道を選んだとしよう. 図 18・5 に示したように, これらの波動関数はすべて xz 平面内で広がる(関数の形は模式的に描いているので, 節の数などは正確に描かれていない). 実線は 4s 軌道の波動関数の符号と同じであることを表し, 破線は 4s 軌道の波動関数の符号と反対であることを表す. たとえば, 図 18・5(a) の $4p_z$ 軌道の波動関数は $z>0$ の領域で 4s 軌道と同じ符号(実線)であり, $z<0$ の領域では反対の符号(破線)である(係数 1/2 は省略).

たとえば, $dsp^2_{(1)}$ 混成軌道を考えてみよう. この場合には, $z>0$ かつ $x>0$ の領域で, すべての軌道の波動関数の符号は同じ(実線)である. したがって, すべての波動関数の値を足し算すると, この領域の波動関数の値は大きくなる(実線で囲まれた領域が広がる). その他の領域では正の符号と負の符号の波動関数を足し算することになるので, 波動関数の値は相殺されてほとんど 0 になる. 一方, $dsp^2_{(2)}$ 混成軌道では, $z>0$ かつ $x<0$ の領域ですべての波動関数の符号が同じ(実線の領域)である. つまり, $dsp^2_{(2)}$ 混成軌道の波動関数はこの領域で広がる. 同様に, $dsp^2_{(3)}$ 混成軌道は $z<0$ かつ $x<0$ の領域で広がり, $dsp^2_{(4)}$ 混成軌道は $z<0$ かつ $x>0$ の領域で広がる. 結局, 四つの dsp^2 混成軌道の波動関数は xz 平面内で直交する四つの方向に広がり, 四つの Ni-CN 結合は xz 平面内にあり, 隣り合う二つの結合は 90° をなす. その結果, 4 個の配位子の CN^- は正方形の頂点に位置する(図 18・6).

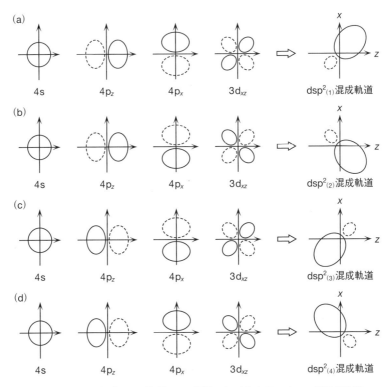

図 18・5　4s 軌道，4p 軌道，3d 軌道からできる四つの dsp² 混成軌道
（係数の符号の違いは実線と破線の位置の違いで表現）

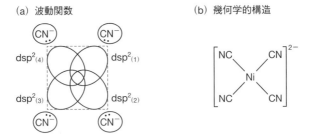

図 18・6　$[Ni(CN)_4]^{2-}$ の配位結合のための dsp² 混成軌道

　Ni^{2+} の錯体は配位子の数が同じ 4 個でも，$[NiCl_4]^{2-}$ と $[Ni(CN)_4]^{2-}$ では配位結合に関与する分子軌道の波動関数の広がる方向が大きく異なる．その原因は

Ni^{2+} が用意する空の混成軌道に参加する軌道の種類の違いにある．$[NiCl_4]^{2-}$ では一つの 4s 軌道と三つの 4p 軌道で空の sp^3 混成軌道をつくる．一方，$[Ni(CN)_4]^{2-}$ では一つの 3d 軌道と一つの 4s 軌道と二つの 4p 軌道で空の dsp^2 混成軌道をつくる．どうして一つの 3d 軌道が混成軌道に参加できたかというと，フントの規則に反するが，3d 軌道の 8 個の電子を 4 組の電子対にしたからである〔図 18・4(b)〕．そうすると，$[Ni(CN)_4]^{2-}$ の中心の Ni^{2+} の電子のスピン角運動量は相殺されて 0 になり，磁気モーメントがない（§10・3 参照）．磁気モーメントがなければ反磁性であり，磁石にはくっつかない．$[Ni(CN)_4]^{2-}$ の Ni^{2+} のように，できるだけ多くの電子対をつくる電子状態を低スピン状態という*．

一方，$[NiCl_4]^{2-}$ では d 軌道の 8 個の価電子はフントの規則に従って 3 組の電子対と 2 個の不対電子になる．不対電子のスピン角運動量の向きは同じだから，全スピン角運動量 S は 1（$=1/2+1/2$）になる（§9・1 参照）．そうすると，磁気モーメントがあるので，$[NiCl_4]^{2-}$ は常磁性であり，磁石にくっつく．$[NiCl_4]^{2-}$ の Ni^{2+} のように，フントの規則に従ってスピン角運動量の向きをそろえて，できるだけ多くの不対電子をつくる電子状態を高スピン状態という．同じ遷移金属元素からなる錯体であっても，配位子の種類の違いによって高スピン状態になったり，低スピン状態になったりする．

18・4　6 配位の遷移金属錯体の混成軌道

Ni^{2+} にイオンが配位する場合には，$[NiCl_4]^{2-}$ や $[Ni(CN)_4]^{2-}$ のように配位子の数は 4 個である．これ以上の数のイオンが配位結合すると，負の電荷をもつ配位子間の静電反発が大きく，エネルギーが高くなって不安定になるからである．電荷のない中性の配位子ならば，6 個の配位子が Ni^{2+} に配位することが可能である．たとえば，Ni^{2+} に 6 個の NH_3 分子が配位する錯体 $[Ni(NH_3)_6]^{2+}$ を考えてみよう．

もう一度，フントの規則に従う Ni^{2+} の電子配置を描けば，図 18・7(a) のようになる．ただし，空の 4d 軌道も追加した．主量子数 n が大きくなると，し

---

*　CN^- の C 原子と N 原子の化学結合は三重結合である．同じ平面内で π 軌道が中心の Ni^{2+} の軌道を経由して他の CN^- の π 軌道と重なって，π 電子が非局在化すると考えられる．フントの規則に反するためにエネルギーは高くなるが，それ以上に，π 電子が非局在化することによってエネルギーが安定化する（詳しくは 20 章参照）．

だいにエネルギー固有値の間隔は狭くなるので，4p軌道のエネルギー準位の近くに4d軌道がある．もしも，NH$_3$分子がNi^{2+}に近づくと，Ni^{2+}は一つの4s軌道と三つの4p軌道だけでなく，さらに，二つの4d軌道を利用して六つの混成軌道を用意する．この混成軌道をsp^{3}d^{2}混成軌道という．こうすれば，4個のNH$_3$分子ではなく，6個のNH$_3$分子と配位結合できる．つまり，sp^{3}d^{2}混成軌道の波動関数と，NH$_3$分子の非共有電子対のsp^{3}混成軌道の波動関数の線形結合によって結合性軌道と反結合性軌道ができ，NH$_3$分子の非共有電子対が結合性軌道に入れば配位結合となる．

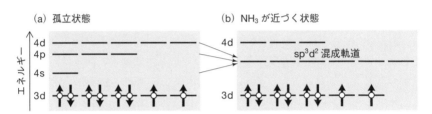

図18・7 [Ni(NH$_3$)$_6$]$^{2+}$のフントの規則に従うNi^{2+}のエネルギー準位と電子配置（sp^{3}d^{2}混成軌道）

図18・5と同様に，4s軌道，4p軌道，4d軌道の六つの軌道に関して，波動関数の符号に注意して足し算すれば，sp^{3}d^{2}混成軌道の波動関数の広がる方向を求めることはできる．しかし，少し複雑なので，ここでは§17・4で説明した原子価殻電子反発則を利用する．この規則では，配位結合する電子対の反発ができるだけ小さくなるように配位子を配置する．6個の配位子ができるだけ遠く離れるためには，正八面体の頂点に配置すればよい（図18・8）．こうすると，すべてのNH$_3$-Ni-NH$_3$の結合角は90°になる．もしも，NH$_3$分子の一つが正八面体の頂点から少しでもずれると，必ず90°よりも小さな結合角ができて，反発が大きくなり不安定になる．

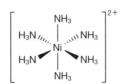

図18・8 [Ni(NH$_3$)$_6$]$^{2+}$の幾何学的構造

18・5 遷移金属錯体の幾何異性体

周期表で Ni の隣にある Co の 2 価のイオン Co^{2+} は,基本的にはフントの規則に従う高スピン状態を考えればよい〔図 18・9(b)〕.そうすると,五つの 3d 軌道には電子対または不対電子があるので,4s 軌道,4p 軌道または 4d 軌道で空の混成軌道をつくる.配位子の数が 4 個の $[CoCl_4]^{2-}$ は四つの空の sp^3 混成軌道をつくり〔図 18・9(a)〕,その幾何学的構造は正四面体形になる.一方,配位子が 6 個の $[Co(NH_3)_6]^{2+}$ は六つの空の sp^3d^2 混成軌道をつくり〔図 18・9(c)〕,その幾何学的構造は正八面体形になる.3d 軌道に 3 個の不対電子があるので,いずれの錯体も常磁性であり,磁石にくっつく.

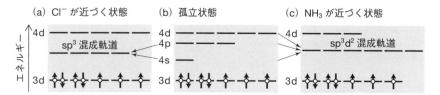

図 18・9 $[CoCl_4]^{2-}$ と $[Co(NH_3)_6]^{2+}$ の Co^{2+} のエネルギー準位と電子配置
(sp^3 混成軌道と sp^3d^2 混成軌道)

これまでは,配位子の種類が 1 種類の場合の錯体を考えた.実際には 2 種類以上の配位子が配位する場合もある.たとえば,1 個の Cl^- と 5 個の NH_3 分子が Co の 3 価のイオン Co^{3+} に配位する.分子式は $[CoCl(NH_3)_5]^{2+}$ である.この場合も正八面体形となるが,正八面体の頂点はすべて等価なので,Cl^- がどの頂点に位置しても同じである.しかし,$[CoCl_2(NH_3)_4]^+$ では,2 種類の幾何学的構造(幾何異性体という)の可能性があるので注意が必要である〔図 18・10(a) と (b)〕.一つは 2 個の Cl^- が Co^{3+} の反対側の頂点に位置する形であり,これを *trans* 形という.もう一つは 2 個の Cl^- が隣の頂点に位置する形であり,

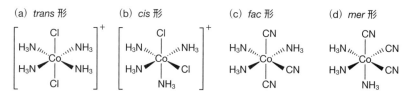

図 18・10 $[CoCl_2(NH_3)_4]^+$ と $[Co(CN)_3(NH_3)_3]$ の幾何異性体

これを cis 形という．trans 形の結晶は緑色，cis 形の結晶は青紫色であり，明らかに物性が異なる．

また，3個の CN^- と3個の NH_3 分子が Co^{3+} に配位した $Co(CN)_3(NH_3)_3$ も2種類の幾何異性体が考えられる〔図 18・10(c) と (d)〕．一つは3個の CN^- が中心の Co^{3+} を通る二等辺三角形の頂点に位置する fac 形であり，もう一つは3個の CN^- が正三角形の頂点に位置する mer 形である．

章末問題

18・1 H原子の $3d_{z^2}$ 軌道は xy 平面に負の領域（破線）がある．表 5・1 の波動関数の式からその理由を説明せよ．

18・2 表 5・1 の波動関数の式から，H原子の $3d_{xy}$ 軌道と $3d_{x^2-y^2}$ の波動関数を求めよ．

18・3 F^- と F^- の静電斥力は Cl^- と Cl^- の静電斥力より小さいので，Ni^{2+} は 6 配位になる．この錯体は何価のイオンになるか．

18・4 $[Ni(CN)_4]^{2-}$ の混成軌道を 4s 軌道，$4p_z$ 軌道，$4p_y$ 軌道，$3d_{yz}$ 軌道で考えると，波動関数の広がる方向はどのようになるか．

18・5 $[Fe(CN)_6]^{4-}$ は反磁性である．鉄イオンの 3d 軌道の電子配置を描け．また，鉄は何価のイオンか．ただし，d^2sp^3 混成軌道をつくるとする．

18・6 $[Fe(CN)_6]^{3-}$ は常磁性である．鉄イオンの 3d 軌道の電子配置を描け．また，鉄は何価のイオンか．ただし，d^2sp^3 混成軌道をつくるとする．

18・7 高スピン状態の鉄の2価のイオン Fe^{2+} に，4個の Cl^- が配位した錯体のカリウム塩の分子式を書け．

18・8 高スピン状態の鉄の3価のイオン Fe^{3+} に，6個の F^- が配位した錯体のカリウム塩の分子式を書け．

18・9 コバルトの3価のイオン Co^{3+} に，2個の NO_2^- と4個の NH_3 が配位したとする．trans 形と cis 形を描け．錯体は何価のイオンになるか．

18・10 コバルトの3価のイオン Co^{3+} に，3個の NO_2^- と3個の NH_3 が配位したとする．fac 形と mer 形を描け．錯体は何価のイオンになるか．

19
炭化水素の分子軌道

> 同じ炭化水素でも，化合物の種類によって炭素原子の混成軌道は変化する．エタンの炭素原子は sp^3 混成軌道であるし，エチレンの炭素原子は sp^2 混成軌道であるし，アセチレンの炭素原子は sp 混成軌道である．混成軌道に参加しなかったそれぞれの炭素の $2p$ 軌道は線形結合によって分子軌道ができ，π 軌道と π^* 軌道となる．

19・1 エタンの単結合

炭素と水素からなる化合物を炭化水素という．炭化水素の最も簡単な化合物が §17・1 で説明したメタン CH_4 である．メタンの C 原子の原子軌道は sp^3 混成軌道となり，その波動関数と H 原子の $1s$ 軌道の波動関数の線形結合で，結合性軌道と反結合性軌道の分子軌道ができる．そして，C 原子の sp^3 混成軌道の 1 個の電子と H 原子の $1s$ 軌道の 1 個の電子が結合性軌道に入れば，共有結合ができ，ばらばらな原子の状態よりもエネルギー的に安定な分子ができる．

メタンから 1 個の H 原子を取除くと，C 原子の四つの sp^3 混成軌道のうちの一つは不対電子となる．これをメチルラジカル・CH_3 という．メチルラジカルには不対電子があるので，2 個のメチルラジカルが近づくと共有結合（単結合）ができてエタン CH_3-CH_3 となる．エタンの場合には C 原子の sp^3 混成軌道の波動関数と H 原子の $1s$ 軌道の波動関数の重なりによってできる分子軌道のほ

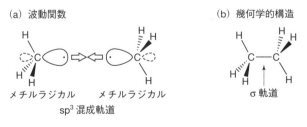

図 19・1 エタンの C 原子の sp^3 混成軌道

かに，2個のC原子のsp³混成軌道の波動関数が重なった分子軌道もできる（図19・1）*. C原子とC原子の結合性軌道は分子軸（C-C）方向から眺めるとs軌道の形と同じようにみえるので，これをσ結合とよぶ（§12・1参照）. エタンの全体の形は§17・5のアンモニアボランの形と似ている. しかし，同じように二つのsp³混成軌道の波動関数からできる分子軌道でも，エタンのC-C結合は1個ずつ電子を出し合う共有結合であり，アンモニアボランのB-N結合はN原子が一方的に2個の電子を出す配位結合である.

図19・1のエタンの形をみると，左と右でH原子の位置がねじれている. その理由は，それぞれのC原子に結合したH原子間の反発を避けるためである. 一方のメチル基を固定して，もう一方のメチル基のH原子をC-C結合軸まわりで回転させたときに，分子全体のポテンシャルエネルギーがどのように変化するかを調べてみよう（図19・2）. 分子内部の結合軸まわりで，一部の原子核が回転するこのような運動を内部回転という.

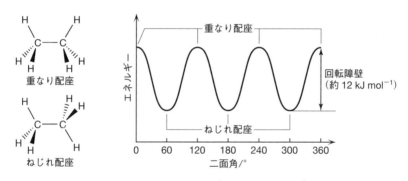

図 19・2 エタンの配座とポテンシャルエネルギー

図19・2の横軸には，一方のC原子の一つのC-H結合を含むH-C-C平面と，もう一方のC原子の一つのC-H結合を含むC-C-H平面のなす角度（これを二面角という）がとってある. 二面角が0°の場合には，一方のC原子に結合した3個のH原子が，もう一方のC原子に結合した3個のH原子のどれかと同じ平面（H-C-C-H）内にあり，距離が近く，反発が大きくなる. このような形を重なり配座という. もしも，二面角が60°になると，一方のC

---

* この章からは理解しやすいように原子軌道の図形の表現を変更している.

原子に結合した3個のH原子は,もう一方のC原子に結合した3個のH原子の間に位置し,反発が小さくなり,ポテンシャルエネルギーは低くなる.このような形をねじれ配座という.重なり配座とねじれ配座のエネルギー差(約12 kJ mol^{-1})を回転障壁という(図19・2).二面角が120°と240°の場合も重なり配座であり,0°の重なり配座と全く同じ形である.また,180°と300°の場合は60°のねじれ配座と区別できない.

19・2 エチレンの二重結合

メタンから2個のH原子を取除くと,C原子の四つのsp^{3}混成軌道のうちの二つが不対電子となる.これをメチリデンラジカル:CH$_2$という.2個のメチリデンラジカルが近づくと,それぞれの不対電子のsp^{3}混成軌道が2組の共有結合をつくるから,C原子とC原子の結合は二重結合となる.これがエチレンCH$_2$=CH$_2$(IUPAC 体系名はエテン)である(図19・3).しかし,エチレンのC原子がsp^{3}混成軌道になっていると仮定すると,結合角 H−C−H は正四面体角(109.5°)になるはずだが,実際には120°に近い.この結合角はむしろ二つのsp^{2}混成軌道のなす角度に近い.

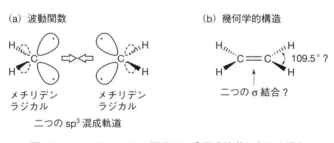

図 19・3 エチレンのC原子が sp^3 混成軌道と考えた場合

エチレンのC原子がsp^{2}混成軌道をつくるとしよう.電子配置は図19・4のようになる.図17・1のC原子のsp^{3}混成軌道の電子配置と異なることは,一つの2p軌道が混成軌道に参加せずに,そのまま不対電子が入っていることである.この2p軌道はもう一つのC原子の2p軌道との間で,線形結合によって結合性と反結合性の分子軌道ができる.それぞれの不対電子が結合性軌道に入れば共有結合となる.この分子軌道は分子軸方向から眺めると2p軌道と同じ形にみえるのでπ軌道である(§13・2参照).π軌道の電子をπ電子,そして,

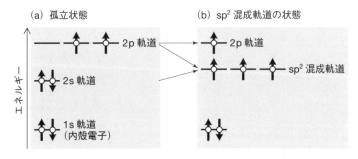

図 19・4　エチレンの C 原子のエネルギー準位と電子配置

π電子による共有結合をπ結合という．一方，三つのsp²混成軌道のうち，二つはH原子の1s軌道の波動関数と重なってσ軌道をつくる．σ軌道の電子がσ電子，そして，σ電子による共有結合がσ結合である．もう一つのsp²混成軌道は別のC原子のsp²混成軌道の間でσ結合をつくる（図19・5）．つまり，C原子とC原子の結合は一つのσ結合と一つのπ結合からなる二重結合である．図19・3では，エチレンの二重結合は二つの等価なσ結合からできていると考えたが，実際の結合はσ結合とπ結合という全くエネルギー固有値が異なる二つの結合からできている．π電子のエネルギー準位はσ電子よりも高い．さらに，波動関数の広がりも異なる．σ電子よりもπ電子のほうが分子軸から離れて存在する確率が大きく，たとえば，別の分子と反応する場合には，π電子から先に反応する確率が大きい．

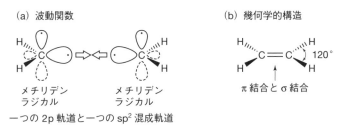

図 19・5　エチレンの C 原子が sp² 混成軌道と考えた場合

エタンと同じように，エチレンのC–C結合軸まわりの内部回転のポテンシャルを考えてみよう．エチレンは平面分子なので，二面角が0°の形が最も安定である（平面配座）．少しずつ回転して90°（垂直）になるためにはπ結合を

切らなければならない（垂直配座）．このときの回転障壁は約 260 kJ mol^{-1} であり，エタン（12 kJ mol^{-1}）の約 20 倍もの値である（エタンの場合には σ 結合の C−C 結合を切る必要はない）．ただし，π 結合が切れても，もう一つの σ 軌道で結合しているので，エチレンは 2 個のメチリデンラジカルにはならない．エチレンは 180°で再び平面配座となり，また，270°で再び垂直配座となる．

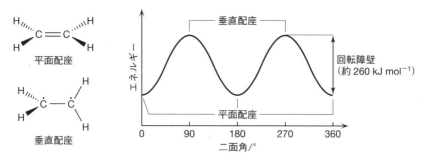

図 19・6 エチレンの配座とポテンシャルエネルギー

19・3 アセチレンの三重結合

アセチレン HC≡CH（IUPAC 体系名はエチン）の分子軌道はエチレンと同じように考えることができる．メチリデンラジカル :CH$_2$ の代わりにメタンから 3 個の H 原子を取除いたメチリジンラジカル :CH を考えればよい．ただし，メチリジンラジカルの C−H 結合をつくる C 原子の軌道は，sp^2 混成軌道ではなくて sp 混成軌道である．アセチレンの C 原子のエネルギー準位と電子配置を図 19・7 に示す．

図 19・7 は二水素化ベリリウムの Be 原子（図 16・2）とほとんど同じであ

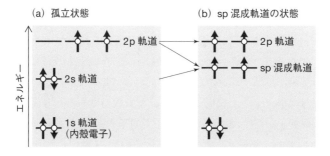

図 19・7 アセチレンの C 原子のエネルギー準位と電子配置

る．ただし，Be 原子の 2p 軌道は電子のない空軌道であったが，アセチレンの C 原子の場合には，二つの 2p 軌道にそれぞれ 1 個ずつ不対電子がある．これらの 2 個の不対電子がもう 1 個の C 原子の不対電子と共有結合をつくれば，2 個の C 原子間で二つの π 結合ができる．一方，二つの sp 混成軌道にも不対電子がある．一つは H 原子の 1s 軌道の波動関数との線形結合によって，結合性軌道と反結合性軌道ができる．結合性軌道に H 原子と C 原子のそれぞれの不対電子が入れば σ 結合ができる．もう一つの sp 混成軌道は，もう一つの C 原子の sp 混成軌道との間で結合性軌道と反結合性軌道ができる．こちらは σ 結合である．結局，アセチレンの 2 個の C 原子の結合は二つの π 結合と一つの σ 結合でできていて，三重結合である（図 19・8）．なお，アセチレンはすべての原子（2 個の H 原子と 2 個の C 原子）が直線に並ぶ直線分子である．

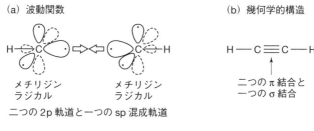

図 19・8　アセチレンの C 原子の sp 混成軌道と 2p 軌道

19・4　アレンの累積二重結合

　二重結合を含む炭化水素の C 原子がすべて sp^2 混成軌道になっているわけではない．たとえば，二つの二重結合によって，3 個の C 原子が結合した炭化水素がある．これをアレン $CH_2=C=CH_2$（IUPAC 体系名は 1,2-プロパジエン）という．また，このように二重結合が隣り合う結合を累積二重結合という．二重結合なので，一見すると，sp^2 混成軌道の原子軌道を使ってエチレンと同じように説明ができそうである．確かに，$CH_2=C$ 部分の左端の C 原子は sp^2 混成軌道になっていて，エチレンの C 原子と同じように考えればよい．しかし，真ん中の C 原子もエチレンと同じように sp^2 混成軌道であると考えることはできない〔図 19・9(a)〕．真ん中の C 原子の不対電子のある 2p 軌道が，すでに左端の C 原子との間で π 軌道として使われているので，$C=CH_2$ 部分の右端の C 原子との間で π 結合をつくれない．

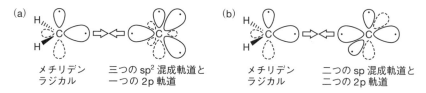

メチリデン　　　三つのsp²混成軌道と
ラジカル　　　　一つの2p軌道

メチリデン　　　二つのsp混成軌道と
ラジカル　　　　二つの2p軌道

図 19・9　アレンの真ん中の C 原子の混成軌道（二つの可能性）

　左端の C 原子とも，右端の C 原子とも π 結合をつくるためには，真ん中の C 原子には二つの 2p 軌道が必要である．そこで，真ん中の C 原子が sp² 混成軌道ではなく，sp 混成軌道であると考える〔図 19・9(b)〕．真ん中の C 原子には，左端の C 原子の方向に広がった sp 混成軌道と，右側の C 原子の方向に広がった sp 混成軌道の二つがあり，また，それらに垂直な二つの 2p 軌道がある．左端の C 原子の sp² 混成軌道と真ん中の C 原子の sp 混成軌道で σ 結合ができ，2p 軌道どうしで π 結合ができると，結果的に二重結合になる．そして，真ん中の C 原子の残りの sp 混成軌道と右側の C 原子の sp² 混成軌道の間で σ 結合ができ，残りの 2p 軌道と右側の C 原子の 2p 軌道の間で π 結合ができる．つまり，二重結合である．もちろん，右側の C 原子の残りの二つの sp² 混成軌道は H 原子の 1s 軌道との間で σ 結合ができる（図 19・10）．結果として，アレンの二つの CH_2 面は直交している．アレンは平面分子ではない．

(a) 波動関数　　　　　　　　　　　　　　(b) 幾何学的構造

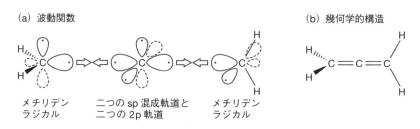

メチリデン　　　二つのsp混成軌道と　　　メチリデン
ラジカル　　　　二つの2p軌道　　　　　　ラジカル

図 19・10　アレンの真ん中の C 原子の sp 混成軌道と 2p 軌道

19・5　ブタジエンの共役二重結合

　アレンと同じように 2 個の二重結合を含む炭化水素でも，二重結合と二重結合の間に単結合を挟むと分子軌道の様子が大きく異なる．このような二重結合を共役二重結合という．共役二重結合をもつ最も簡単な炭化水素がブタジエン

$CH_2=CH-CH=CH_2$（IUPAC体系名は1,3-ブタジエン）である．アレンとは異なり，すべてのC原子がsp^2混成軌道である（図19・11）．すべてのsp^2混成軌道は一つの平面内に広がっているので，すべてのσ結合も，すべてのH原子もC原子も同じ平面内にある．つまり，ブタジエンは平面分子である〔図19・11(b)の幾何学的構造はすべての原子を紙面内に描いた〕．一方，sp^2混成軌道に参加しないすべてのC原子の2p軌道は，分子平面に対して垂直な方向に広がる．そうすると，§5・2で説明したように，波動関数は無限に広がるから，すべてのC原子の2p軌道の重なりを考える必要がある．

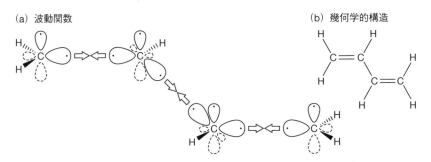

図 19・11　ブタジエンのC原子のsp^2軌道と2p軌道

C原子を区別するために，左からA，B，C，Dという名前をつけ，それぞれの2p軌道の波動関数をχ_A，χ_B，χ_C，χ_Dとし，それらの線形結合を考えることにする．これらの線形結合はsp^3混成軌道を考えたときの直交変換を参考にする〔(17・1)式参照〕．ただし，sp^3混成軌道の場合には，ある原子のなかの軌道の直交変換による原子軌道であり，ここでは，四つの原子の軌道の線形結合による分子軌道なので，その違いに注意する必要がある．2p軌道の波動関数の線形結合でできる四つの分子軌道を$\pi_{(1)}$，$\pi_{(2)}$，$\pi_{(3)}$，$\pi_{(4)}$としよう．そうすると，四つの2p軌道の波動関数との関係は次のように表される．

$$\begin{pmatrix} \pi_{(1)} \\ \pi_{(2)} \\ \pi_{(3)} \\ \pi_{(4)} \end{pmatrix} = \begin{pmatrix} \frac{1}{2} & \frac{1}{2} & \frac{1}{2} & \frac{1}{2} \\ \frac{1}{2} & \frac{1}{2} & -\frac{1}{2} & -\frac{1}{2} \\ \frac{1}{2} & -\frac{1}{2} & -\frac{1}{2} & \frac{1}{2} \\ \frac{1}{2} & -\frac{1}{2} & \frac{1}{2} & -\frac{1}{2} \end{pmatrix} \begin{pmatrix} \chi_A \\ \chi_B \\ \chi_C \\ \chi_D \end{pmatrix} \quad (19・1)$$

19・5 ブタジエンの共役二重結合

それぞれのπ軌道を図で表すと図19・12のようになる（ブタジエンは直線分子ではないが，波動関数の関係をわかりやすくするために直線で示す）．線形結合の係数が負の場合には，波動関数の実線と破線の位置を逆にしてある．たとえば，$\pi_{(1)}$軌道の係数 (1/2) はすべて正なので，実線の領域がすべて分子面の上側にある．また，$\pi_{(2)}$軌道では，χ_C と χ_D に対する係数が負なので，それらの波動関数の向きを逆にした．π軌道はすべての $2p_z$ 軌道の重なりなので，π電子はどの C 原子の近くにも存在できる．これを非局在化という．電子は非局在化によって自由に動くことのできる空間が広がると，エネルギーが安定化する（20章参照）．

四つのπ軌道のエネルギー準位の順番を調べてみよう．そのためには，節面（波動関数の値が 0 となる面）の数を調べればよい．図 19・12 では波動関数の符号が変わる面（実線と破線の境界）のことである．もちろん，$2p_x$ 軌道では yz 平面が節面であるが，それ以外に点線で示した xy 面に平行な面も節面である．そして，$\pi_{(1)}$ から $\pi_{(4)}$ になるにつれて，節面の数は一つずつ増える．節面の数が増えれば，エネルギーは高くなるから（§5・3参照），エネルギー準位の順番は $\pi_{(1)} < \pi_{(2)} < \pi_{(3)} < \pi_{(4)}$ となる〔図 19・12(b)〕．

ブタジエンのπ電子は，それぞれの C 原子に 1 個ずつあるから合計 4 個である．分子の場合もパウリの排他原理に従う必要があるので，まずは，2 個の電子がスピン角運動量の向きを逆にして $\pi_{(1)}$ 軌道に入る．残りの 2 個の電子はスピン角運動量の向きを逆にして $\pi_{(2)}$ 軌道に入る．$\pi_{(3)}$ 軌道と $\pi_{(4)}$ 軌道はエネルギーが高いので空軌道である．

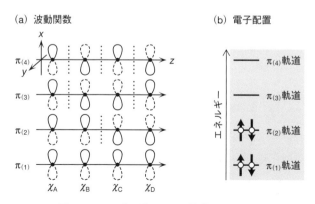

図 19・12　ブタジエンのπ軌道と電子配置

章末問題

19・1 プロパン $CH_3CH_2CH_3$ の真ん中のC原子の混成軌道は何か.

19・2 エタンのC−C結合とアンモニアボランのN−B結合は,どちらが長いか.

19・3 1,2-ジクロロエタン CH_2Cl-CH_2Cl には,安定なねじれ配座が2種類ある.どのような形か.

19・4 1,2-ジクロロエタンには,重なり配座が2種類ある.どのような形か.また,Cl原子間の反発が最も大きく,H原子間の反発が最も小さいとして,ポテンシャルエネルギーを描け.

19・5 1,2-ジクロロエチレン $CHCl=CHCl$ には,安定な平面配座が2種類ある.どのような形か.

19・6 1,3-ジクロロアレン $CHCl=C=CHCl$ には,何種類の安定な構造があるか.

19・7 ブタジエンで,2番目と3番目のC原子の結合軸まわりの内部回転を考える.何種類の平面構造が考えられるか.

19・8 ブタジエンのC=C結合は,エチレンと比べて長いか短いか.また,ブタジエンのC−C結合はエタンと比べて長いか,短いか.

19・9 アリルラジカル $\cdot CH_2-CH=CH_2$ のすべてのC原子は sp^2 混成軌道である.ブタジエンを参考にして,2p軌道の線形結合でπ軌道を描け.ただし,対称性を考慮した以下の線形結合の式を用いることにする(線形結合の係数の大きさが同じにならない理由は,章末問題20・7の解答を参照).

$$\begin{pmatrix} \pi_{(1)} \\ \pi_{(2)} \\ \pi_{(3)} \end{pmatrix} = \begin{pmatrix} \frac{1}{2} & \frac{1}{\sqrt{2}} & \frac{1}{2} \\ \frac{1}{\sqrt{2}} & 0 & -\frac{1}{\sqrt{2}} \\ \frac{1}{2} & -\frac{1}{\sqrt{2}} & \frac{1}{2} \end{pmatrix} \begin{pmatrix} \chi_A \\ \chi_B \\ \chi_C \end{pmatrix}$$

19・10 ブタジエンを参考にして,アリルラジカル $\cdot CH_2-CH=CH_2$ のエネルギー準位および電子配置を描け.アリルラジカルのカチオンはどうなるか.

20
共役二重結合に関する近似法

> 共役二重結合のπ軌道の波動関数とエネルギー固有値を近似的に求める方法がある. 一つはヒュッケル近似法であり, 重なり積分を0とし, また, 隣り合わない2p軌道の共鳴積分を0と考え, 永年方程式を解く. もう一つはすべての2p軌道の間にポテンシャル障壁がないと近似して波動方程式を解く.

20・1 ヒュッケル近似法

　共役二重結合のπ軌道の波動関数やエネルギー固有値を定性的に求める便利な近似法がある. ヒュッケル近似法という. まずはエチレン $CH_2=CH_2$ を使って, π軌道に関するヒュッケル近似法を説明する. 考え方は11章で説明した水素分子イオンの結合性軌道(同位相)と反結合性軌道(逆位相)とほとんど同じである(11章を復習してから, この章を読むとわかりやすい).

　エチレンの2個の炭素の名前を A, B とし, それぞれの2p軌道の波動関数を χ_A と χ_B とする(図20・1). π軌道が χ_A と χ_B の線形結合で表されるならば,

$$\pi = c_A \chi_A + c_B \chi_B \tag{20・1}$$

とおける. c_A と c_B はそれぞれ炭素 A と炭素 B の2p軌道の波動関数の係数である. c_A と c_B がともに正または負ならば同位相, 一方が正で一方が負ならば逆位相である. また, 係数が大きくなれば, その炭素の2p軌道付近でのπ電子の存在確率が大きくなると考えればよい.

　ハミルトン演算子を $\hat{H}$ とすると, π軌道に関する波動方程式は,

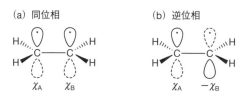

図 20・1　エチレンのπ軌道の波動関数

$$\hat{H}\pi = E\pi \tag{20・2}$$

と書ける．11章で説明したように，エネルギー固有値を求めるためには，左から共役複素関数 π^* を掛け算して全空間で積分すればよい．

$$\int \pi^* \hat{H} \pi \, d\tau = \int \pi^* E \pi \, d\tau = E \int \pi^* \pi \, d\tau \tag{20・3}$$

ここで，エネルギー固有値 E は定数なので，積分の外に出した．(20・1)式を(20・3)式に代入すると，次のようになる．

$$c_A^2 \int \chi_A^* \hat{H} \chi_A \, d\tau + 2c_A c_B \int \chi_A^* \hat{H} \chi_B \, d\tau + c_B^2 \int \chi_B^* \hat{H} \chi_B \, d\tau =$$
$$E\left(c_A^2 \int \chi_A^* \chi_A \, d\tau + 2c_A c_B \int \chi_A^* \chi_B \, d\tau + c_B^2 \int \chi_B^* \chi_B \, d\tau\right) \tag{20・4}$$

クーロン積分 α，共鳴積分 β，重なり積分 γ でおき換えると，(20・4)式は，

$$c_A^2 \alpha + 2c_A c_B \beta + c_B^2 \alpha = E(c_A^2 + 2c_A c_B \gamma + c_B^2) \tag{20・5}$$

となる．ここで，それぞれの炭素の2p軌道に関する規格化条件（$\int \chi_A^* \chi_A \, d\tau = \int \chi_B^* \chi_B \, d\tau = 1$）は成り立っているとした．さらに，ヒュッケル近似法では，計算を簡単にするために，重なり積分 γ を0と仮定する．そうすると，(20・5)式は，

$$c_A^2 \alpha + 2c_A c_B \beta + c_B^2 \alpha = E(c_A^2 + c_B^2) \tag{20・6}$$

となる．どのようにして c_A と c_B の値を求めるかというと，エネルギー固有値が最も小さくなるような c_A と c_B を求めればよい．この方法を変分法という．具体的には(20・6)式の両辺を c_A あるいは c_B で偏微分して，右辺に現われる $\partial E/\partial c_A$ または $\partial E/\partial c_B$ を0（極小値の条件）とおいて連立方程式を解く（c_A と c_B が変数であり，α と β は定数である）．

$$2c_A\alpha + 2c_B\beta = E2c_A \quad \text{および} \quad 2c_A\beta + 2c_B\alpha = E2c_B \tag{20・7}$$

両辺から係数の2を消去して，行列を使って一つの式にまとめると，

$$\begin{pmatrix} \alpha - E & \beta \\ \beta & \alpha - E \end{pmatrix} \begin{pmatrix} c_A \\ c_B \end{pmatrix} = 0 \tag{20・8}$$

となる．もしも c_A も c_B も0ならば，この連立方程式は成り立つが，それでは π 軌道を考えていないことになる〔(20・1)式が0になる〕．c_A と c_B が0でなければ，(20・8)式の左側の行列の行列式が0になる必要がある．

$$\begin{vmatrix} \alpha - E & \beta \\ \beta & \alpha - E \end{vmatrix} = 0 \tag{20・9}$$

これを永年方程式という．(20・9)式は行列式の定義から，

$$(\alpha - E)^2 - \beta^2 = 0 \tag{20・10}$$

となるから，エネルギー固有値は容易に求めることができる．
$$E = \alpha \pm \beta \tag{20・11}$$
これは水素分子イオンのエネルギー固有値を表す(11・23)式で，$\gamma=0$ とおいた式と一致する．

一方，係数の c_A と c_B は(20・11)式を(20・7)式に代入して求めればよい（どちらの式に代入しても結果は同じ）．たとえば，$E=\alpha+\beta$ の場合には，
$$2c_A\alpha + 2c_B\beta = (\alpha+\beta)2c_A \tag{20・12}$$
となる．つまり，$c_A=c_B$ であり，また，規格化条件（$c_A{}^2+c_B{}^2=1$）から $c_A=c_B=1/\sqrt{2}$ となる．同様にして，$E=\alpha-\beta$ の場合には，$c_A=-c_B=1/\sqrt{2}$ となる（章末問題 20・2）．$E=\alpha+\beta$ の場合には c_A と c_B の符号が同じなので同位相の結合性軌道であり，$E=\alpha-\beta$ の場合には c_A と c_B の符号が逆なので逆位相の反結合性軌道である（図 20・1）．結局，エチレンの π 軌道の波動関数は，
$$\pi_\pm = \frac{1}{\sqrt{2}}(\chi_A \pm \chi_B) \tag{20・13}$$
となる．これらは水素分子イオンの波動関数を表す(11・17)式で，$\gamma=0$ とおいた式と一致する．

20・2　ヒュッケル近似法によるブタジエンの π 軌道

π 軌道に関するヒュッケル近似法では，重なり積分 γ を 0 とするほかに，隣り合わない 2 個の炭素の共鳴積分 β は 0 であると近似する*．具体的にブタジエンで説明しよう．ブタジエンの 4 個の炭素に A, B, C, D と名前をつけると，π 軌道はそれぞれの炭素の 2p 軌道の波動関数 χ の線形結合で表される．
$$\pi = c_A\chi_A + c_B\chi_B + c_C\chi_C + c_D\chi_D \tag{20・14}$$
エチレンの場合と同様に考えれば，連立方程式は，
$$\begin{pmatrix} \alpha-E & \beta & 0 & 0 \\ \beta & \alpha-E & \beta & 0 \\ 0 & \beta & \alpha-E & \beta \\ 0 & 0 & \beta & \alpha-E \end{pmatrix} \begin{pmatrix} c_A \\ c_B \\ c_C \\ c_D \end{pmatrix} = 0 \tag{20・15}$$
となる．ここで，1 行 3 列目は炭素 A と炭素 C との間の共鳴積分であるが，隣

---

* クーロン積分 α はハミルトン演算子を同じ炭素の波動関数で挟んで積分するので〔(11・21)式参照〕，行列の対角要素のみに現われる．

どうしの炭素ではないので 0 にした. 1 行 4 列目 (炭素 A と炭素 D の共鳴積分) なども 0 である. 永年方程式は次のようになる.

$$\begin{vmatrix} \alpha-E & \beta & 0 & 0 \\ \beta & \alpha-E & \beta & 0 \\ 0 & \beta & \alpha-E & \beta \\ 0 & 0 & \beta & \alpha-E \end{vmatrix} = 0 \qquad (20\cdot16)$$

左辺を展開すると, 次の方程式を得ることができる*.

$$(\alpha-E)^4 - 3(\alpha-E)^2\beta^2 + \beta^4 = 0 \qquad (20\cdot17)$$

さらに, (20・17)式を因数分解すると次のようになる.

$$\{(\alpha-E)^2 - (\alpha-E)\beta - \beta^2\}\{(\alpha-E)^2 + (\alpha-E)\beta - \beta^2\} = 0 \qquad (20\cdot18)$$

それぞれの { } について, 根の公式を使って二次方程式の解を求めると,

$$(\alpha-E) = \frac{\beta \pm \sqrt{\beta^2 + 4\beta^2}}{2} = \frac{1 \pm \sqrt{5}}{2}\beta \quad \text{および}$$

$$(\alpha-E) = \frac{-\beta \pm \sqrt{\beta^2 + 4\beta^2}}{2} = \frac{-1 \pm \sqrt{5}}{2}\beta \qquad (20\cdot19)$$

となる. したがって, ブタジエンの π 軌道のエネルギー固有値は,

$$E = \alpha \pm \frac{\beta \pm \sqrt{\beta^2 + 4\beta^2}}{2} = \alpha \pm \frac{1 \pm \sqrt{5}}{2}\beta$$

$$= \alpha \pm 1.618\beta, \ \alpha \pm 0.618\beta \qquad (20\cdot20)$$

となる. 平衡核間距離付近では, クーロン積分 α も共鳴積分 β も負の値であるから (§11・5 参照), 最も低いエネルギー固有値は $E = \alpha + 1.618\beta$ である. このときの係数 c_A, c_B, c_C, c_D は, エネルギー固有値を(20・15)式の連立方程式に代入して求めればよい. たとえば, 1 行目からは $-1.618\beta c_A + \beta c_B = 0$, つまり, $c_B = 1.618 c_A$ という関係式が得られる. 同様にして 4 行目からは $\beta c_C - 1.618\beta c_D = 0$, つまり, $c_C = 1.618 c_D$ という関係式が得られる. 規格化条件を使えば $c_A = 0.3717$, $c_B = 0.6015$, $c_C = 0.6015$, $c_D = 0.3717$ となる. 外側の炭素の係数 c_A と c_D よりも内側の炭素の係数 c_B と c_C のほうが大きいので, このエネルギー固有値のブタジエンの π 軌道は, 外端の炭素よりも内側の炭素のまわりの電子の存在確率が大きい. その他のエネルギー固有値についても, 同様にして π 軌道の波動関数を求めることができる. 図 19・12 で示したブタジエンの π

---

* 中田宗隆, "量子化学 III—化学者のための数学入門 12 章", 東京化学同人(2005) 参照.

軌道とエネルギー固有値を, ヒュッケル近似法で求めた結果で描き直すと図 20・2 のようになる. $\pi_{(3)}$ 軌道は $\pi_{(1)}$ 軌道とは逆に, 内側の炭素よりも外側の炭素のまわりの電子の存在確率が大きい. $\pi_{(4)}$ 軌道の電子の存在確率は $\pi_{(1)}$ 軌道の電子と同じようにみえるが, 節の数が違う. $\pi_{(4)}$ 軌道では炭素と炭素の結合の途中に節があり, 節では π 電子は存在できない.

電子の配置は図 19・12(b) と同じである. 4 個の π 電子のエネルギーの合計は,

$$2(\alpha + 1.618\beta) + 2(\alpha + 0.618\beta) = 4\alpha + 4.472\beta \quad (20 \cdot 21)$$

となる. 一方, ブタジエンの二つの二重結合が独立で, 二つのエチレンが結合していると考えると, 4 個の π 電子のエネルギーの合計は,

$$2(\alpha + \beta) + 2(\alpha + \beta) = 4\alpha + 4\beta \quad (20 \cdot 22)$$

となる. 共役二重結合では π 電子が非局在化することによってエネルギーが下がり, ブタジエンでは 0.472β の大きさだけ安定化する.

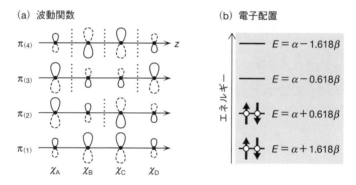

図 20・2 ヒュッケル近似法によるブタジエンの π 軌道

20・3 箱型ポテンシャル近似によるブタジエンのエネルギー固有値

ヒュッケル近似法では, クーロン積分 α と共鳴積分 β の値がわからないと, エネルギー固有値の絶対値はわからない. およその絶対値を計算する近似法がある. π 電子のポテンシャルエネルギーを単純化し, 箱型ポテンシャルを仮定する近似法である. まず, ブタジエンは直線分子であると近似する (分子軸を z 軸とする). 次に, それぞれの炭素の π 電子は左端から右端の炭素まで ($0 < z < L$) 自由に運動できると近似する. 自由に運動できるということは,

障壁がなく，ポテンシャルエネルギーが0である．ただし，両端の炭素の外側（$z \leqq 0$, $z \geqq L$）には存在できないと近似する．存在できないということは，無限の高さの障壁があり，ポテンシャルエネルギーが無限大である．そうすると，ブタジエンのπ電子のポテンシャルエネルギーは図20・3のようになる（H原子は省略）．

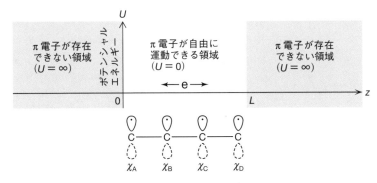

図 20・3 ブタジエンの箱型ポテンシャル

まず，$0 < z < L$の範囲で波動方程式をたてる．この範囲ではポテンシャルエネルギーが0だから，π電子の運動エネルギーだけを考えればよい（4章参照）．

$$-\frac{\hbar^2}{2m_e}\frac{d^2}{dz^2}\psi(z) = E\psi(z) \quad (20\cdot23)$$

ここではz軸方向の1次元の運動を考えているので，演算子∇^2ではなく，d^2/dz^2とおいた．左辺の係数を右辺に移すと，

$$-\frac{d^2}{dz^2}\psi(z) = \frac{2m_e E}{\hbar^2}\psi(z) \quad (20\cdot24)$$

となる．この方程式は水素原子の波動方程式のϕに関する微分方程式(4・24)のm^2の代わりに$2m_e E/\hbar^2$とおけば同じ方程式になり，(4・23)式と同じようにして解くことができる．一般解を三角関数で表せば次のようになる*．

$$\psi(z) = a\cos kz + b\sin kz \quad (20\cdot25)$$

ただし，aとbは係数であり，また，

---

* 4章では指数関数で一般解を表したが，ここでは三角関数で表すことにする．オイラーの公式からわかるように，いずれの関数も(20・24)式のような2階の微分方程式の一般解である．

$$k = \frac{\sqrt{2m_\mathrm{e}E}}{\hbar} \tag{20・26}$$

とおいた．$z=0$ では，ポテンシャルエネルギーが無限大のために電子は存在できないから，波動関数 ψ の値は 0 である．これを境界条件という．したがって，

$$\psi(0) = a\cos 0 + b\sin 0 = a = 0 \tag{20・27}$$

となる．境界条件はもう一つある．$z=L$ でも電子は存在できないから，

$$\psi(L) = b\sin kL = 0 \tag{20・28}$$

となる（$a=0$ とおいた）．つまり，

$$kL = \pi n \qquad n = 1, 2, 3, \cdots\cdots \tag{20・29}$$

という条件が必要になる（章末問題 20・10 参照）．(20・29)式を(20・26)式に代入して整理すれば，エネルギー固有値が得られる．

$$E = \frac{h^2}{8m_\mathrm{e}L^2} n^2 \tag{20・30}$$

エネルギー固有値は量子数 n を含み，量子化されていることがわかる．また，表 1・4 のプランク定数 h と電子の質量 m_e の値，ブタジエンの分子の長さ L（約 600 pm）を代入すれば，エネルギー固有値を計算できる．

20・4　箱型ポテンシャル近似によるブタジエンの波動関数

係数 b は規格化条件（存在確率を全空間で積分すると 1 になる）から求めることができる．波動関数は(20・25)式で $a=0$ とおいて，

$$\psi(z) = b\sin kz \tag{20・31}$$

である．積分範囲は $0<z<L$，つまり，$0<z<\pi n/k$ であり，三角関数の積分の公式を使って積分すると，次のようになる（数学の専門書を参考）．

$$\int_{-\infty}^{+\infty} \psi^*\psi\, dz = \int_0^L \psi^*\psi\, dz = b^2\int_0^{\pi n/k} \sin^2 kz\, dz = b^2\frac{L}{2} = 1 \tag{20・32}$$

したがって，

$$b = \pm\sqrt{\frac{2}{L}} \tag{20・33}$$

となる．波動関数の符号には意味がないから正の符号を選び，(20・29)式の k を(20・31)式に代入すれば，波動関数は次のようになる．

$$\psi(z) = \sqrt{\frac{2}{L}}\sin\left(\frac{n\pi}{L}\right)z \tag{20・34}$$

箱型ポテンシャル近似を使って得られたブタジエンのπ軌道の波動関数とエネルギー固有値を図20・4に示す．節の数や位置，そして波動関数の様子はヒュッケル近似法で求めた図20・2と似ている（図20・2の2p軌道の波動関数の実線の領域をつなぐとわかる）．

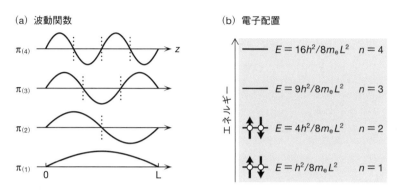

図 20・4　箱型ポテンシャル近似によるブタジエンのπ軌道

20・5　ベンゼンのπ軌道の波動関数とエネルギー固有値

今度は芳香族化合物の代表であるベンゼンの波動関数とエネルギー固有値を求めてみよう．ブタジエンの場合には直線分子であると仮定して，箱型ポテンシャルで近似したが，ベンゼンは平面内に広がった環状化合物である．そこで，6個の炭素の$2p_z$軌道の波動関数χからなるπ軌道が半径Rの円をつくっていて，その円周上ではπ電子は自由に運動でき，それ以外には存在できないと仮定する．つまり，ベンゼンのπ電子のポテンシャルエネルギーUを，

$$U = 0 \quad (ただし，r = R) \tag{20・35}$$
$$U = \infty \quad (ただし，r \neq R) \tag{20・36}$$

と仮定する．これは2次元平面で半径Rの円周上を自由に運動する粒子と同じである（図20・5）．そうすると，4章で説明した水素原子の波動方程式(4・11)で，$r = R$（一定, $\partial/\partial r = 0$），$\theta = \pi/2$（一定, $\partial/\partial \theta = 0$），$\sin\theta = 1$とおいて，電子と核との静電引力に基づくポテンシャルエネルギー$e^2/4\pi\varepsilon_0 r$を0として，平面内の角度ϕだけが変数であると考えればよい．

$$-\hbar^2 \frac{\partial^2}{\partial \phi^2} \psi(\phi) = 2m_e R^2 E \psi(\phi) \tag{20・37}$$

20・5 ベンゼンのπ軌道の波動関数とエネルギー固有値

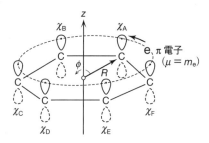

図 20・5　円周上を自由に運動するベンゼンのπ電子

この微分方程式はブタジエンを箱型ポテンシャルで近似したときに得られた (20・24)式で, z の代わりに ϕ, m_e の代わりに $m_e R^2$ とおいた式と同じになる. ただし, 境界条件が異なる. ブタジエンのπ電子では $\psi(0) = \psi(L) = 0$ であったが, ベンゼンのπ電子では $\psi(2\pi) = \psi(0)$ が境界条件となる. 一周すると同じ位置になるという意味である. 規格化条件を考慮して, 一般解を三角関数で表すと,

$$\psi(\phi) = \left(\frac{1}{2\pi}\right)^{\frac{1}{2}} (\cos k\phi + i \sin k\phi) \qquad (20\cdot38)$$

となる. ただし,

$$k = \frac{\sqrt{2m_e E} R}{\hbar} \qquad (20\cdot39)$$

である. 境界条件を使うと,

$$\left(\frac{1}{2\pi}\right)^{\frac{1}{2}} (\cos k2\pi + i \sin k2\pi) = \left(\frac{1}{2\pi}\right)^{\frac{1}{2}} (\cos 0 + i \sin 0) = \left(\frac{1}{2\pi}\right)^{\frac{1}{2}} \quad (20\cdot40)$$

だから, $\cos k2\pi$ が 1 で $\sin k2\pi$ が 0 になる必要がある. したがって,

$$k2\pi = 2\pi n \qquad n = 0, \pm1, \pm2, \pm3, \cdots \qquad (20\cdot41)$$

つまり, $k = n$ である. これを(20・39)式に代入して整理すると, エネルギー固有値は,

$$E = \frac{h^2}{8\pi^2 m_e R^2} n^2 \qquad (20\cdot42)$$

となる. エネルギー準位とベンゼンの6個のπ電子の電子配置を図20・6に示す.

一方, 波動関数は(20・38)式から, $k = n = 0$ では,

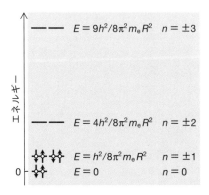

図 20・6 ベンゼンのπ電子のエネルギー準位と電子配置

$$\psi(\phi) = \left(\frac{1}{2\pi}\right)^{\frac{1}{2}} (\cos 0 + \mathrm{i}\sin 0) = \left(\frac{1}{2\pi}\right)^{\frac{1}{2}} \quad (20 \cdot 43)$$

また，$k = n = \pm 1$ では，

$$\psi(\phi) = \left(\frac{1}{2\pi}\right)^{\frac{1}{2}} (\cos\phi + \mathrm{i}\sin\phi) \quad \text{および} \quad \psi(\phi) = \left(\frac{1}{2\pi}\right)^{\frac{1}{2}} (\cos\phi - \mathrm{i}\sin\phi) \quad (20 \cdot 44)$$

の2種類の波動関数が縮重する．(20・44)式を直交変換して規格化定数を決め直すと（§5・5，§14・2参照），次のようになる．

$$\psi(\phi) = \left(\frac{1}{\pi}\right)^{\frac{1}{2}} \cos\phi \quad \text{および} \quad \psi(\phi) = \left(\frac{1}{\pi}\right)^{\frac{1}{2}} \sin\phi \quad (20 \cdot 45)$$

$n = 0$ と ± 1 の波動関数の様子を図20・7に示す．縦軸には座標の z ではなく，

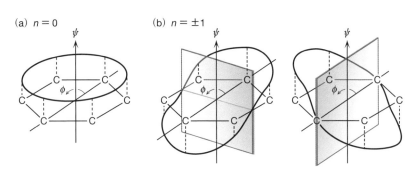

図 20・7 ベンゼンのπ電子の波動関数

波動関数の値がとってある．$n=0$ では波動関数は1種類であるが，$n=\pm 1$ では2種類の波動関数が縮重する．一方は $\cos\phi$ で表され，もう一方は $\sin\phi$ で表されるので，波動関数の節の向き（灰色の面）は直交する．

章末問題

20・1 (20・6)式の右辺を偏微分して(20・7)式の右辺を導出せよ．

20・2 エチレンの π 電子の波動関数とエネルギー固有値をヒュッケル近似法で求める．$E=\alpha-\beta$ の場合には $c_A=-c_B=1/\sqrt{2}$ になることを確認せよ．

20・3 図20・2を参考にして，エチレンの2個の π 電子の電子配置を描け．また，2個の π 電子のエネルギーの合計を α と β で表せ．

20・4 共役二重結合をもつ4員環の炭化水素であるシクロブタジエンについて，π 電子の永年方程式をつくり，π 電子のエネルギー固有値を求めよ．また，それぞれのエネルギー固有値について，波動関数の係数を求めよ．

20・5 図20・2を参考にして，シクロブタジエンの四つの π 軌道の波動関数の様子について，係数を考慮して描け．その際に波動関数の節を点線で描け．また，エネルギー準位と電子配置を描け．

20・6 アリルラジカル・$CH_2-CH=CH_2$ の永年方程式をつくり，エネルギー固有値を求めよ．

20・7 問題20・6で，それぞれのエネルギー固有値について，波動関数の係数を求めよ．係数が問題19・9の変換行列と同じになることを確認せよ．

20・8 アリルラジカルを直線分子とする．箱型ポテンシャル近似を用いて，最も低いエネルギー固有値を求めよ．ただし，π 電子が自由に動くことのできる範囲 L を 400 pm とする．

20・9 アリルラジカルの不対電子が吸収する電磁波のうち，最もエネルギーの低い電磁波のエネルギーを求めよ．単位を J とする．

20・10 ブタジエンのエネルギー固有値のなかに現われる量子数について，(20・29)式では，どうして $n=0$ を考えなくてよいか．また，どうして負の値を考えなくてもよいか．その理由を説明せよ．

索引

あ行

アインシュタイン（A. Einstein） 5
アセチレン 191
アレン 192
アンモニア 170〜172
アンモニアボラン 175
アンモニウムイオン 174

イオン化 80
イオン化エネルギー 80
異核二原子分子 137, 147
1s 軌道 46
位置エネルギー 14
一重項 87〜90
1 電子近似 95
位置ベクトル 54, 55

ウィーン（W. C. W. O. F. F. Wien） 9
運動エネルギー 19
運動量 25, 54
運動量ベクトル 54, 55

永年方程式 198, 200
AO → 原子軌道
s 軌道 45
sp 混成軌道 139, 160, 161
sp^2 混成軌道 162, 163, 165
sp^3 混成軌道 168〜170, 172, 173
sp^3d^2 混成軌道 184
エタン 187
エチレン 189, 197
エチン → アセチレン
X 線 5, 6

X 線回折 24
エテン → エチレン
エネルギー固有値
　一般の原子の—— 95, 96
　水素原子の—— 44, 71
　水素分子イオンの—— 113
　水素類似原子の—— 75
　スピン-軌道相互作用を考慮した—— 71
　ブタジエンの—— 203
　ヘリウムイオンの—— 75
　ヘリウム原子の—— 78, 79
　ベンゼンの—— 205
エネルギー準位 15
　1s 軌道の—— 80
　一般の原子の—— 96
　水素化炭素の—— 144
　水素化ベリリウムの—— 141
　水素化ホウ素の—— 142
　水素化リチウムの—— 138
　水素分子の—— 119
　炭素分子の—— 133
　等核二原子分子の—— 134
　フッ化ベリリウムの—— 151
　フッ化リチウムの—— 148, 149
　ヘリウム原子の—— 82, 87, 88, 91
　ヘリウム分子イオンの—— 121
　ヘリウム分子の—— 120
　ベンゼンの π 電子の—— 206
　ホウ素分子の—— 132
　リチウム分子の—— 124
エネルギー準位の分裂
　スピン-軌道相互作用による—— 71
エネルギーレベル → エネルギー準位
MO → 分子軌道

LS 結合 85
LCAO 近似 110
演算子 30
遠心力 18

オイラーの公式 37
オキソニウムイオン 176
オペレーター → 演算子

か行

階乗 40
外積 54
回折 24
回転障壁 188, 189, 191
回転操作 118
外部磁場 59
　——と（軌道）角運動量の相互作用 60
　——とスピン角運動量の相互作用 68
　——によるエネルギー準位の分裂 62, 72
　——のなかの水素原子 60
解離エネルギー 115, 116
角運動量 20, 55
　——の大きさの 2 乗の演算子 56
　——の z 成分の演算子 56
　——の量子化 20
角運動量ベクトル 54, 55, 57
　——の大きさ 56
核子 4
核磁子 8, 69
核融合 5
確率 26
重なり積分 112
重なり配座 188

索引

可視光線 5, 6
価電子 99
干渉 24
干渉縞 24
環電流 58
γ 線 5, 6

ギガ(G) 7
幾何異性体
　　遷移金属錯体の―― 185
規格化定数 37, 112
規格直交性 164
軌道 45
軌道角運動量(→角運動量もみよ) 66
　――と外部磁場の相互作用 60
逆位相 24, 110
逆進行波 27
球面調和関数 41, 56
鏡映操作 124, 125
境界条件 203
共鳴積分 113
共役二重結合 193, 197
共役複素関数 37
共有結合 120
共有電子対 120
極座標系 33, 34
虚数単位 31
許容遷移 92
ギレスピー則 → 原子価殻電子反発則
キロ(k) 7
禁制遷移 92

空軌道 174
クーロン積分 113

結合エネルギー 115
　　異核二原子分子の―― 145, 155
　　等核二原子分子の―― 135
結合距離 122
　　異核二原子分子の―― 145, 155
　　等核二原子分子の―― 135
結合次数 122
　　異核二原子分子の―― 145
　　等核二原子分子の―― 135
結合性軌道 111
ゲルラッハ(W. Gerlach) 65

原子 3
原子価殻電子反発則 174
原子軌道 110
原子模型
　　ボーアの―― 18
元素 4

高スピン状態 183
合成角運動量 66, 70
合成全角運動量 85
光速度
　　真空中の―― 8
光電効果 10, 11
光量子 5
黒体放射 5
古典力学 3
固有関数 30
固有値 30
　　軌道角運動量の―― 66
　　合成角運動量の―― 66
　　スピン角運動量の―― 66
孤立電子対 → 非共有電子対
混成軌道 139, 149

さ 行

酸化反応 135
三重結合 192
三重項 88～90
三重水素原子 5
三水素化ホウ素 162, 163, 165
酸素分子 134
三体問題 77, 108
3d 軌道 178

g 因子
　　核子(陽子)の―― 69
　　電子の―― 68
jj 結合 85
紫外線 5, 6
磁気双極子モーメント → 磁気モーメント
磁気モーメント 58, 59
磁気量子数 m 44, 62
軸対称 53
σ 軌道 118, 119, 128
σ* 軌道 119
σ 結合 188
仕事関数 10
指数関数 36

自然対数の底 46
磁束密度 64
実関数 50
ジボラン 176
射影 57
遮蔽効果 79, 82
周期表 99
重水素原子 5
重力 4
縮重 30, 96
シュテルン(O. Stern) 65
主要族元素 100
主量子数 42, 44
シュレーディンガー(E. Schrödinger) 31
準安定状態 93
常磁性 97, 135
磁力線 58
シンクロトロン放射 18
進行波 27
ジーンズ(J. H. Jeans) 8
振動数 6, 7
振幅 28

水素化ベリリウム 138, 141
水素化ホウ素 142
水素化リチウム 137
水素原子 4
　――のエネルギー固有値 44
　――の発光と吸光 15
　――の波動関数 44, 45
　――の波動方程式 30, 31, 35
水素分子 117, 119
水素分子イオン 107
水素類似原子 75, 92
垂直配座 191
スピン角運動量 66
　　電子の―― 66
　――と $\hat{s}_z$ の固有値の関係 67
　――と外部磁場の相互作用 68
　　陽子の―― 69
スピン関数 88, 89
スピン-軌道相互作用 70, 71
　――によるエネルギー準位の分裂 72
スピン多重度 87
スペクトル 13
スレーター(J. C. Slater) 101
スレーターのダイヤグラム 101, 102

索 引　　　　　　　　211

静止質量　25
　　電子の――　8
正四面体角　170
静電引力　18, 19
赤外線　5, 6
摂動法　80
ゼーマン効果　62
遷　移　16
遷移金属元素　177
遷移金属錯体　179
　　――の幾何異性体　185
遷移元素　100, 177
全軌道角運動量　85
全合成角運動量　85
全スピン角運動量　85
全微分演算子　36

素粒子　4
存在確率
　　電子の――　48, 76

た　行

対称関数　89
対称性　124　131
対称操作　124, 125
ダイヤグラム
　　スレーターの――　101, 102
多電子原子　95
炭化水素　187
単結合　187
単色光　23
炭素分子　133

窒素分子　134
中性子　4
超音速分子ビーム　121
直交行列　52
直交座標系　33, 34
直交変換　52

dsp^2混成軌道　181, 182
d軌道　45
定在波　27
定常状態　28
低スピン状態　183
d線　72
デバイ・シェラー環　25
テラ(T)　7
電気素量　8

電　子　4
　　――の静止質量　8
　　――の存在確率　48, 76
電子回折　24, 25
電子基底状態　87
電磁石　57
電子状態　71
　　ヘリウム原子の――　91
電子対　97
電磁波　5, 6
　　太陽から放射される――　6
電子配置　87, 97～100
　　水素化炭素の――　144
　　水素化ベリリウムの――　141
　　水素化ホウ素の――　142
　　水素化リチウムの――　138
　　水素分子の――　119
　　炭素分子の――　133
　　窒素分子の――　134
　　等核二原子分子の――　134
　　フッ化ベリリウムの――　151
　　フッ化リチウムの――　148,
　　　　149
　　ヘリウム原子の――　87, 88
　　ヘリウム分子イオンの――
　　　　121
　　ヘリウム分子の――　120
　　ベンゼンのπ電子の――　206
　　ホウ素分子の――　132
　　リチウム分子の――　124
電磁力　4
電子励起状態　87
電　波　5～7
電　流　57, 58

同位相　24, 110
同位体　4
等核二原子分子　123
動径分布関数　49
　　水素原子の――　49
　　ヘリウムイオンの――　75
同族元素　99
等電子的な分子　154
特殊相対性理論　25
ド・ブロイ(de Broglie)　25
トムソン(G. P. Thomson)　25

な　行

内殻電子　97

内　積　30
内部回転　188
ナノ(n)　7
ナブラ　30

2s軌道　48
二重結合　190
二重項　87
二重発光　72
二水素化ベリリウム　159～161
2p軌道　51, 52
二面角　188

ネオン分子　134
ねじれ配座　188　189
熱振動子　8

は　行

配位結合　174, 175
配位子　179
π軌道　118, 130, 189
π結合　190
陪多項式　40
パウリの排他原理　86, 119, 124
箱型ポテンシャル近似　201,
　　　　204
波　数　17
波　長　6, 7
パッシェン系列　17
波動関数　27
　　1s軌道の――　46
　　エチレンのπ軌道の――　199
　　水素原子の――　44, 45
　　水素分子イオンの――　110,
　　　　113
　　2s軌道の――　48
　　2p軌道の――　51
　　ブタジエンのπ軌道の――
　　　　203
　　ヘリウムイオンの――　75
　　ヘリウム原子の――　78, 79
　　ヘリウム分子の――　120
　　ベンゼンのπ軌道の――　206
波動方程式　27
　　一般の原子の――　95
　　シュレーディンガーの――
　　　　31, 33
　　水素原子の――　30, 31, 35,
　　　　71

波動方程式（つづき）
　水素分子イオンの—— 108
　水素分子の—— 117
　スピン-軌道相互作用を考慮
　　　　した—— 71
　等核二原子分子の—— 123
　ヘリウムイオンの—— 74
　ヘリウム原子の—— 77
　ヘリウム分子の—— 120
　リチウム原子の—— 95
ハミルトン演算子 31
バルマー系列 17
反結合性軌道 111, 112
反磁性 97, 135
半整数 67
反対称関数 89
反転操作 124, 125
万有引力 18

ビオ・サバールの法則 58
光
　——の回折 24
　——の干渉 24
　——の屈折 14
　——の分散 13
p軌道 45
非共有電子対 142, 172
非局在化 195
微結晶 24
ピコ（p） 7
微分演算子 30
ヒュッケル近似法 197

VSEPR則 → 原子価殻電子反
　　　　発則
フェルミ粒子 86, 124
不活性ガス 135
不均一磁場 64
複素関数 37, 50
節 49
節　面 81
ブタジエン 193, 194, 199
不対電子 97
フッ化ベリリウム 150
フッ化リチウム 148, 149
物質波 25
フッ素分子 134

物理定数 8
フラウンホーファー線 15, 16
ブラケット系列 17
プランク（M. K. E. L. Planck） 9
プランク定数 8, 10
フリーラジカル → 遊離基
1,2-プロパジエン → アレン
分　子 3
分子軌道 110
　水素分子イオンの—— 110
　——の対称性 124, 131
フントの規則 91

平衡核間距離 115
平面配座 190, 191
ベクトル演算子 30
ヘリウムイオン 74
ヘリウム原子 5
ヘリウム分子 120
ヘリウム分子イオン 121
ベリリウム分子 124
ヘルツ Hz 7
変　位 27
変数分離 36
ベンゼン 204
偏微分 28
偏微分演算子 36
変分法 80

ボーア（N. Bohr） 18
ボーア磁子 8, 68
ボーア半径 8, 21
方位量子数 44, 53
ホウ素分子 132
放電管 14
ボース粒子 86
ポテンシャルエネルギー 14,
　　　　　　　　　　　19
ボラン → 三水素化ホウ素
ボルツマン定数 8

ま〜れ

マイクロ（μ） 7

マイクロ波 6
水 173
ミリ（m） 7
メガ（M） 7
メタン 167, 170
メチリジンラジカル 191
メチレンラジカル 189
メチルラジカル 187

ヤングの実験 23

有効核電荷 79
誘電率
　真空の—— 8
遊離基 97

陽　子 4

ライマン系列 17
ラウエ斑点 25
ラゲール陪多項式 41, 42
ラジアン 37
ラジオ波 6
ラジカル → 遊離基
ラプラシアン 30

リチウム分子 122
リッツ（W. Ritz） 17
リッツの結合則 17
リュードベリ（J. Rydberg） 17
リュードベリ定数 8, 18, 21
量子化 11
量子数 17
　軌道角運動量の—— 66
　合成角運動量の—— 66
　スピン角運動量の—— 66
量子論 3, 12

累積二重結合 192
ルジャンドル多項式 38
ルジャンドルの方程式 38
ルジャンドル陪多項式 40, 41

レイリー（Lord Rayleigh） 8

中田 宗隆(なかた むねたか)
1953年 愛知県に生まれる
1977年 東京大学理学部 卒
現 東京農工大学大学院
　　生物システム応用科学府 教授
専攻 量子化学，分光学，光化学
理 学 博 士

第1版 第1刷 2018年3月1日 発行

基礎コース物理化学 I 量子化学

Ⓒ 2 0 1 8

著　者　中　田　宗　隆
発 行 者　小　澤　美 奈 子
発　　行　株式会社 東京化学同人
　　　　　東京都文京区千石3-36-7(〒112-0011)
　　　　　電話(03)3946-5311・FAX(03)3946-5317
　　　　　URL：http://www.tkd-pbl.com/

印　刷　中央印刷株式会社
製　本　株式会社 松岳社

ISBN978-4-8079-0936-0
Printed in Japan
無断転載および複製物（コピー，電子
データなど）の配布，配信を禁じます．

物理化学の重要な概念をかみくだいて
解説した初学者向き教科書シリーズ

基礎コース 物理化学
全4巻

中田宗隆 著
A5判　各巻200ページ前後

I. 量 子 化 学
II. 分 子 分 光 学
III. 化 学 動 力 学
IV. 化 学 熱 力 学

元素の周期表

族 周期	1	2	3	4	5	6	7	8	9	10	11	12	13	14	15	16	17	18
1	水素 1H																	ヘリウム 2He
2	リチウム 3Li	ベリリウム 4Be											ホウ素 5B	炭素 6C	窒素 7N	酸素 8O	フッ素 9F	ネオン 10Ne
3	ナトリウム 11Na	マグネシウム 12Mg											アルミニウム 13Al	ケイ素 14Si	リン 15P	硫黄 16S	塩素 17Cl	アルゴン 18Ar
4	カリウム 19K	カルシウム 20Ca	スカンジウム 21Sc	チタン 22Ti	バナジウム 23V	クロム 24Cr	マンガン 25Mn	鉄 26Fe	コバルト 27Co	ニッケル 28Ni	銅 29Cu	亜鉛 30Zn	ガリウム 31Ga	ゲルマニウム 32Ge	ヒ素 33As	セレン 34Se	臭素 35Br	クリプトン 36Kr
5	ルビジウム 37Rb	ストロンチウム 38Sr	イットリウム 39Y	ジルコニウム 40Zr	ニオブ 41Nb	モリブデン 42Mo	テクネチウム 43Tc	ルテニウム 44Ru	ロジウム 45Rh	パラジウム 46Pd	銀 47Ag	カドミウム 48Cd	インジウム 49In	スズ 50Sn	アンチモン 51Sb	テルル 52Te	ヨウ素 53I	キセノン 54Xe
6	セシウム 55Cs	バリウム 56Ba	ランタノイド 57〜71	ハフニウム 72Hf	タンタル 73Ta	タングステン 74W	レニウム 75Re	オスミウム 76Os	イリジウム 77Ir	白金 78Pt	金 79Au	水銀 80Hg	タリウム 81Tl	鉛 82Pb	ビスマス 83Bi	ポロニウム 84Po	アスタチン 85At	ラドン 86Rn
7	フランシウム 87Fr	ラジウム 88Ra	アクチノイド 89〜103	ラザホージウム 104Rf	ドブニウム 105Db	シーボーギウム 106Sg	ボーリウム 107Bh	ハッシウム 108Hs	マイトネリウム 109Mt	ダームスタチウム 110Ds	レントゲニウム 111Rg	コペルニシウム 112Cn	ニホニウム 113Nh	フレロビウム 114Fl	モスコビウム 115Mc	リバモリウム 116Lv	テネシン 117Ts	オガネソン 118Og

ランタノイド	ランタン 57La	セリウム 58Ce	プラセオジム 59Pr	ネオジム 60Nd	プロメチウム 61Pm	サマリウム 62Sm	ユウロピウム 63Eu	ガドリニウム 64Gd	テルビウム 65Tb	ジスプロシウム 66Dy	ホルミウム 67Ho	エルビウム 68Er	ツリウム 69Tm	イッテルビウム 70Yb	ルテチウム 71Lu
アクチノイド	アクチニウム 89Ac	トリウム 90Th	プロトアクチニウム 91Pa	ウラン 92U	ネプツニウム 93Np	プルトニウム 94Pu	アメリシウム 95Am	キュリウム 96Cm	バークリウム 97Bk	カリホルニウム 98Cf	アインスタイニウム 99Es	フェルミウム 100Fm	メンデレビウム 101Md	ノーベリウム 102No	ローレンシウム 103Lr

元素名 → 水素
原子番号 → 1H ← 元素記号